北京市科学技术协会
科普创作出版资金资助

从地球出发 From the earth
——太空科学实验与应用

空间实验
那些事儿

张玉涵 著

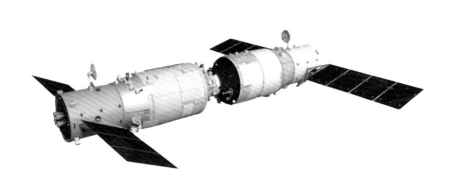

文化发展出版社
Cultural Development Press

图书在版编目(CIP)数据

空间实验那些事儿 / 张玉涵著. — 北京 ： 文化发
展出版社，2020.12（2022.6重印）
（"从地球出发 ： 太空科学实验与应用"科普丛书）
ISBN 978-7-5142-3262-2

Ⅰ．①空… Ⅱ．①张… Ⅲ．①空间科学－青少年读物
Ⅳ．①V1-49

中国版本图书馆CIP数据核字(2020)第271813号

空间实验那些事儿

张玉涵　著

总 策 划	高　铭　赵光恒　王志伟
执行策划	孔　健　杨　吉　张智慧
支持单位	中科院空间应用工程与技术中心

出 版 人	武　赫
责任编辑	孙豆豆
责任校对	岳智勇
责任印制	杨　骏
版式设计	曹雨锋
网　　址	www.wenhuafazhan.com
出版发行	文化发展出版社（北京市海淀区翠微路2号　邮编：100036）
经　　销	各地新华书店
印　　刷	北京博海升彩色印刷有限公司
开　　本	787mm×1092mm 1/16
印　　张	7
版　　次	2021年11月第1版　2022年6月第2次印刷
定　　价	36.00元
I S B N	978-7-5142-3262-2

如发现印装质量问题请与我社联系。发行部电话：010-88275602

序

  随着我国航天事业不断取得新进展，作为航天科技领域三个重要方面之一的空间科学，包括我国在神舟载人飞船、天宫空间实验室和科学卫星上开展的空间科学活动也引起了公众，特别是青少年的极大关注和浓厚兴趣。什么是空间科学？为什么要到太空去进行科学实验？在太空如何进行科学实验？我国在太空开展了哪些科学实验？张玉涵先生的新作《空间实验那些事儿》恰逢其时，以纵论古今的视角、丰富有趣的实例、形象活泼的语言、生动细腻的描述，深入浅出地介绍了空间科学实验这一过去人们不甚了解的重要领域，在科学普及读物中独树一帜。我相信《空间实验那些事儿》这本书会很好地激发青少年的阅读兴趣和科学想象力。

  科学研究的目的是探索、揭示和描述各种事物和自然界的客观规律。科学实验是科学研究的主要手段和基本方法之一。通过有目的的观测和实验去探索发现新的现象，研究隐藏在背后的科学机理，或通过观测和实验去检验科学理论是否正确，是推动现代和当代科学认识不断深入的强大力量。

  空间科学是在人类进入空间时代以后兴起的重要科学领域，短短几十年中取得了划时代的巨大成就，在探索物理科学规律、生命现象本质以及太阳系和宇宙奥秘等许多方面已经成为前沿科学探索的先锋，我国在这一领域应当大有作为。随着我国空间站的建造运行，以及月球和深空探测、科学卫星等空间计划的进一步推动，我国空间科学实验将系列化、高水平地蓬勃发展，取得重大进步，未来前景广阔。正如作者在本书结语中的深情寄语，现在正在学习的莘莘学子，必将撑起祖国和人类的科学大厦。

  还需要提及的是，本书作者张玉涵先生本身就是一位出色的空间科学实验专家，他担任过我国载人航天工程空间应用系统总体室的负责人和主任设计师，与科学家们共同规划组织并亲身参与了包括返回式卫星、神舟系列飞船和空间实验室数十项空间科学实验任务，积累了丰富的经验。他在实践经历和亲身体会基础上写成的这本书，有更强的说服力和感染力。

中国科学院院士、中国载人航天工程空间科学首席专家

顾逸东

前　言

　　利用航天、载人航天，去太空开展科学研究，以发展、更新地球人类原本在地面上所获取的知识体系，促进地球文明的持续发展，开拓人类未来更广阔的生存空间，一直是当代航天事业的一大主题。

　　2016 年 12 月 27 日，中国发布的《2016 中国的航天》白皮书指出："航天是当今世界最具挑战性和广泛带动性的高科技领域之一，航天活动深刻改变了人类对宇宙的认知，为人类社会进步提供了重要动力……中国将坚持创新、协调、绿色、开放、共享的发展理念，推动空间科学、空间技术、空间应用全面发展，为服务国家发展大局和增进人类福祉做出更大贡献。"回顾中国航天、载人航天近半个多世纪的发展历程，几代航天人不惧艰辛，走出了一条自力更生、自主创新的发展道路，积淀了深厚博大的航天精神，创造了一系列辉煌成就。特别是 20 世纪90 年代初，中国启动载人航天工程以来，近 30 年间，完成了载人飞船、空间实验室的研制，

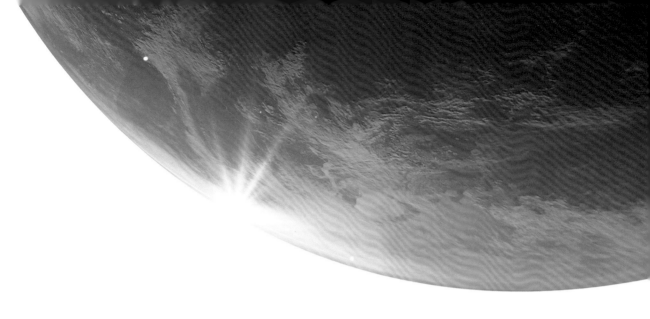

攻克了天地往返、在轨交会对接、航天员出舱活动等多项关键技术，取得了多次发射的圆满成功。2016 年 9~10 月，中国第二艘空间实验室"天宫二号"和载人飞船"神舟十一号"先后顺利升空，在轨道上成功完成了飞船和空间实验室交会对接，航天员景海鹏和陈冬在轨道上驻留时间超过 1 个月，实施了"无燃料引擎"推进技术试验和空间材料、空间生命科学等一大批科学实验任务，这标志着中国载人航天突破了有人长期驻留和在轨人工参与操作科学实验等若干关键技术，为实施载人航天第三步战略规划——自主研发，在 2022 年前后建成中国的空间站奠定了坚实的基础。未来中国空间站的建成，将为国内外科学家提供一个开展较大规模的空间科学技术实验研究的共享平台，"和平利用外层空间，扩展对地球和宇宙的认识，促进人类文明和社会进步，造福全人类；满足国家经济建设、科技发展、国防安全和社会进步等方面的需求；提高全民科学文化素质，维护国家权益，增强综合国力"将是中国空间站的三大使命。

在广泛的空间应用任务中，空间科学实验研究是一个重要领域，也是世界航天、载人航天工程中，开展得最多、最广泛的领域，是国内外科学家和普通民众参与人数最多的领域。例如，20 世纪由苏联建造的"和平号"空间站，从 1986 年始建，到 2001 年陨落，在轨运行 15 年，环绕地球飞行 8 万多圈，行程 35 亿千米，进行了超过 2.2 万次的科学实验，完成了 23 项国际科学考察计划，共有 12 个国家的 135 名宇航员在空间站上工作，进行了大量生命及生物技术科学、空间微重力科学以及航天医学等实验研究，取得了极为丰富、宝贵的成果和数据。正运行在太空中的，人类建造的最宏伟的航天器——国际空间站，从它立项建造之初，就宣称是为全世界的科学家和科学爱好者开展空间科学实验研究服务。所以，在国际空间站上，仅美国、

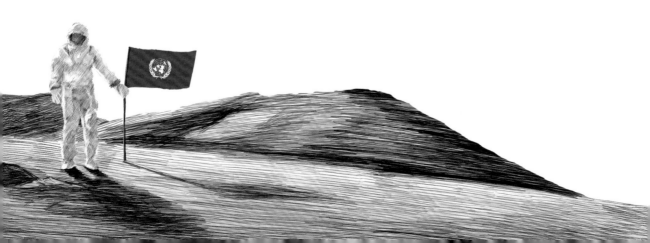

日本和欧盟国家的三个舱段就安装有 63 个标准机柜，其中 31 个是提供给科学实验研究应用的专属机柜。从 1998 年首发核心舱段至今的 20 多年间，国际空间站已经实施过 160 余次任务，每次任务安排的各类空间科学实验研究项目，少则几十项，多则数百项。2016 年 7 月的一则科技新闻报道说，以美国航天局女科学家凯特·鲁宾斯等 6 名宇航员组成的国际空间站"远征 48-49"任务组，将在空间站停留 4 个月，开展基因测序、重力对骨骼细胞功能的影响、心血管系统在太空环境中的变化等 250 多项科学实验研究，这些实验有助于心脏疾病研究和新药物开发，其中"基因测序"的研究，有助于了解太空环境对人类基因组的影响，掌握宇航员健康情况，以及太阳系内的生命探测工作，凯特·鲁宾斯是在国际空间站上进行基因测序的第一人。2019 年 8 月 28 日，美国航天局又发布消息，美国太空探索技术公司的"龙"货运飞船从国际空间站带回了多项科学实验的结果，总质量超过 1200 千克的科学实验样品和设备，其中有一项研究"微重力环境如何影响淀粉样蛋白纤维形成"的实验结果，有望帮助科研人员理解阿尔茨海默症等疾病的成因。因此，在当今航天时代，空间科学实验是世界各领域科学家都广泛采用的、最前沿的研究方式之一。

但是，到空间去做科学实验，绝非像在地面实验室里那么容易，如果没有一些空间实验的经验积累，即使花费了大量人力、物力的巨额投入，也很可能一无所获。20 世纪 90 年代，美国国家宇航局（NASA）一位官员曾经透露，七八十年代美国科学家们的基础科学空间实验成功率不到 30%。因为，那时还属于空间实验经验探索积累阶段。我国空间科学实验起步较晚，大多数人可能是初次开始去探索空间实验研究方式，从事基础理论研究的科学家们对航天工程不太熟悉，如何利用宝贵的空间实验机会获得所希望的实验成果，吸取前人的经验教训非常必要。

所以本书的第一目的是，以通俗读物方式，向首次做空间实验的科研工作者介绍：为什么要到太空去进行科学实验？哪些科学实验需要到空间去做？在太空如何进行科学实验？帮助初次空间实验参与者少走弯路，节约时间、精力，事半功倍，实现自己的航天梦。当然，这本书同样会对其他非专业，但对空间科学有兴趣的人士和青少年朋友起到科普作用。因为无论是"和平号"空间站，现今的"国际空间站"，还是未来的中国空间站，都非常重视科普宣传教育工作，在为专业科学家提供服务的同时，也为广大科普爱好者、青少年朋友安排亲自参与空间科学实验的机会，让更多的民众能够直接体验航天、载人航天的巨大魅力。我国的天宫二号空间实验室上，安排了一项由我国香港中学生提出并组织实施的"太空蚕宝宝"实验，专门由太空实验专家给予指导而获得圆满成功；2013 年 6 月我国女航天员王亚萍，乘坐神舟十号飞向太空，在天宫一号空间实验室上的首场太空科普讲座，她和航天员聂海胜共同为百万观众展示了如何在太空测量人的体重，表演了奇妙的微重力环境下单摆现象等多个精彩项目，赢得了广大民众和青少年的喝彩。

　　大力开展航天科普教育，普及航天知识，宣传航天文化，弘扬航天精神，提升全民素质，激发人们崇尚科学、探索未知、敢于创新的热情，是实现民族复兴"中国梦"的人才培养战略的重要组成部分。这里想告诉读者，开展空间科学实验研究，是对社会发展、国家经济建设以及广大民众有切身利益的重要空间活动；懂得空间科学实验的一些基本常识能更好地激励青年一代成为国家新一代空间科学家。中国科学院空间工程应用技术中心是中国空间科学领域的开拓者和工程组织者，对于本书的编撰给予了特别的关心与支持，参加载人航天空间科学实验任务的单位、专家提供了大量珍贵照片，中国载人航天工程空间科学首席专家顾逸东院士专门为本书作序。为此，在这里向所有参与本书编辑、出版的专家领导，表示感谢。同时希望这本书能够受到广大读者的欢迎。

张玉涵

2021 年 6 月

目录

第4章　空间实验怎么做

第5章　那些在太空做的实验

第6章　我来了——中国空间站

第 1 章

从科学说起

什么是科学

这本书的目的是向朋友们介绍如何到太空去做科学实验，那么，我们首先要从"科学"这个熟悉的词汇谈起。

在今天的社会里，"科学"是一个出现频繁的词汇。可"什么是科学"，很多人并不了解，或者说每个人对"科学"的理解并不一致，即使是在科技界，在不同国家，从事不同专业研究的知名专家、学者，他们对科学的理解和解释也不完全相同。因此，尽管人类社会得益于科学技术的发展，已经进入一个高度文明的信息化高科技时代，却没有形成一个全世界公认的关于"科学"的统一定义。《辞海》对"科学"词条的解释是"科学是关于自然、社会和思维的知识体系"；在现代科学的发源地欧洲，法国的《百科全书》对科学的定义是"科学是通过揭示支配事物的规律，以求说明事物"；苏联编写的《大百科全书》给出的定义是"在社会实践基础上历史地形成的和不断发展的，关于自然、社会和思维及其发展规律的知识体系，是对现实世界规律的不断深入的认识过程"；日本《世界大百科辞典》的解释是"所谓科学，是具备客观性和真理性的，既具体又普遍的，有体系的，学术上的认识"；被世界公认的科学圣人——爱因斯坦对科学的定义是"寻求我们感觉经验之间规律性关系的有条理的

思想"；而进化论的创始人达尔文则说"科学就是整理事实，从中发现规律，做出结论"（图1-1）；英国科学史家贝尔纳对科学的定义是"人类智慧最高贵的成果"……显然，无论是我们中国人的理解，还是西方文化的解释或世界著名科学家的论述，虽然表达不完全一致，但是综合各家之言，可以总结出一个共识：科学是知识体系，它是人类对于客观世界的正确反映，是人类认识世界和改造世界的社会实践经验的概括和总结，是指导、服务于人类社会活动的学问。所以，宏观的科学应是泛指人类探索、认识、实践应用的"知识"和"学问"。15~16世纪，欧洲人提出一种探索、认知社会与自然的规律，处理和对待社会与自然的思维方式、方法，创立了一个现代科学的概念，并采用源于拉丁语的"science"一词来表达，当这个词传入东方时，日本人最先把它翻译成"科学"。汉语中"科学"一词并不区分"现代科学"和"古典科学"，因此关于科学的定义还会继续争论不休。

上面这些追本溯源的赘述，似乎显得有些多余！但是，这正是笔者要告诉正在成长、学习过程中的青少年朋友的："你学的每一项知识，哪怕是父母教你的最基本的生活常识，都是知识、学问，是科学。"所以，在一个人最初的学习阶段，学习任何一门课程，参加任何一项社会实践，都是知识的积累过程，都能增长学问，培养学科学、

图 1-1 没有共识的科学定义

爱科学的兴趣，提高科学素养，不可以偏废。当然，个人的性格、爱好，乃至社会环境可能会影响你对某些功课的兴趣，这并不重要，这只是决定你如何更好地发挥所长，选择未来人生道路的一个因素，但这并不等于那些你不喜欢的功课，对你完全没用。因为，科学是一个宏观的范畴，是一个知识体系、一面交织的网，也许有一天那些你认为没有用的知识，恰恰就成为你所爱好事业上的一道坎。总之，全面地获取知识，将是成就你未来事业的法宝。

劳动创造科学

科学作为一个知识体系，一直伴随人类社会文明发展过程，而不断积累、不断丰富。当初地球上出现人这种智慧生物，正是因为进化到人的那个生物物种，懂得劳动，通过劳动获取基本的生存条件，所以人和动物的本质区别是劳动，劳动积累了第一批知

识。恩格斯是马克思主义的创始人之一，他在 1876 年发表的一篇《劳动在从猿到人转变过程中的作用》的文章中，精彩地描述到，古代的类人猿，最初成群地生活在热带和亚热带森林中，后来一部分为寻找食物到地面活动，逐渐学会用两脚直立行走，前肢解放出来，并能使用石块或木棒去挖掘植物根茎、狩猎动物，最后终于发展到用手制造工具……劳动使得类人猿用大脑存储的智慧和用手脚劳动的体能得到全面发展，从而出现了人类的各种特征。由此，恩格斯建立了"劳动创造了人类"的著名科学理论。所以，准确地讲，当人类处于蒙昧的初期阶段时，也许没有人提出科学的概念，却有了原始的科学动机，就是寻求知识的积累和技能的提高。例如，为了提高狩猎的效率，积累了制造弓箭的知识和技能；为了能够吃到更鲜美、可口的食物，开启了火的利用（图 1-2），制造了烹饪食物的器具；为了抵御自

图1-2 古人类生活场景

然气候变化带来的严寒，懂得了用树叶和动物皮毛包裹身体，积累了植物纤维编织的知识和技术，进而发明了麻布、棉布、丝绸；为了丰富食物品种与来源，懂得生活资源的生产与储备，出现了农耕、畜牧；为了争取生存空间和抵御外来侵扰，出现了种群、部落、国家的社会雏形……显然，本能的知识积累和技能提升，正是原始科学意识的萌芽。

中国民间有许多讲述人类初期如何观察、认识自然，从而积累知识、掌握生存技能的传说和故事。例如，有个"燧人氏钻木取火"的故事（图1-3），讲的就是火的发现与使用过程：在茹毛饮血的旧石器时代早期，一场偶然发生的、由于雷电引起的自然火灾让一群赤身裸体的古人非常害怕，纷纷逃离火场。当那场山火慢慢熄灭后，他们才胆战心惊地返回来，其中一人突然发现一只被火烤死的野兔，捡起来放在鼻子前一闻，一股奇特的香味让他胃口大开，当他啃下第一口时，就觉得这东西比原来那些打来就吃的野兔好吃多了，于是他欣喜若狂地招呼同伴，一起寻找那些因没能躲过火灾而丧命的动物，共享人类的第一场盛宴，从此人类懂得了吃熟食。之后，他们从火场中捡回一些还有余火的树棍儿，带回他们聚居的山洞，

图1-3 燧人氏钻木取火

添上一些树枝，燃起一堆"篝火"，整个山洞突然就暖和多了。"火"有如此多的妙用，既能烤出美味的食物，还能给人温暖，让人们轻松渡过寒冬的煎熬，于是部落的人把火种视为上天赐予的法宝，细心维护。可是有一天，由于看护人的疏忽，火熄灭了！一个年轻人气得暴跳如雷，随手捡起一根木棍在身边的石头上使劲儿地摩擦，突然一个火星跳出来点燃了旁边的枯草，整个人群欣喜若狂，他们再次获得了火种。由于这个部落发现了石头与木材摩擦能够产生火，后人把这个部落称为"燧人氏"。中文"燧"就是指燧石，用燧石取火在我国一直沿用到20世纪初。在火柴传入我国之前，许多落后边远地区的人们一直使用燧石取火。

科学促进发展

尽管现代科学，特别是在20世纪中期发展了航天技术，人们把探索生命起源的触

角深入到宇宙太空，由英国生物学家查尔斯·罗伯特·达尔文在 19 世纪初创立的进化论受到了质疑和挑战，各种假说众说纷纭。但是，今天人们能够看到、体会到一个不争的事实是，人类在漫长的发展、进化过程中，科学一直推动着社会的文明进步。

例如，高速列车可以以每小时 350 千米的速度运行，从北京到上海只要 4~5 小时，回到 20 世纪 60~80 年代，火车最高速度每小时 60 千米，北京到上海需要将近 20 个小时，这一变化是科技进步的成果；北京正在高速发展建设的地铁交通，一台巨型盾构机，一天就能够掘进 9~10 米，几乎每年都有一条新线路建成。但是，20 世纪 60 年代，北京修建地铁 1、2 号线，整整花了 10 年时间，对比表明了科学进步带来的巨大社会效益。中国横跨长江的第一座大桥——南京长江大桥，20 世纪六七十年代历时 8 年建设完成，耗资 2.8 亿多元人民币，是当时集举国之力的国家第一大项目。可是如今的中国桥梁建设已经成为世界名片，36 千米长的杭州湾跨海大桥，被称为当代七大奇迹之一。总长约 55 千米的港珠澳跨海大桥（图 1-4）、云贵高原上的北盘江大桥都举世瞩目，但它们在当今中国成百上千的各大建设项目之中，也只是"之一"而不是"第一"。

直到 20 世纪中期，人们的通信方式还沿用承袭了几千年的"鸿雁传书"，而今天却因为无线电技术的发展被彻底改变：如今哪怕是在千里之外的亲人、朋友，都可以通过手机视频聊天，电视新闻瞬间把发生在全世界各地的事件呈现在你的面前……诸如此类的科技发展成就，在我们身边比比皆是，不能不让人们惊叹"科学是第一生产力"的伟大论断。

当中世纪近代科学还没有发展起来，对宇宙太空还一无所知时，神学统治着世界，人们心目中的天是神和上帝的领地，人们对天心存敬畏，相信风、雨、雷、地震、火山……那些天崩地裂、山呼海啸的自然灾害，都是上天的安排，是神的旨意。当欧洲的哥白尼、布鲁诺、伽利略、牛顿等一批科学巨人（图 1-5），首先揭示出一个真实的宇宙观，创立了一个科学观察事物、观察自然，认识和处理事物与自然，以及社会问题的知识体系之后，才带来了现代科学全新的发展机遇，才会有蒸汽机时代、电气化时代和当今的信息化时代的诞生与发展。随着航天、载人航天事业的持续发展，人类的科学与技术到达一个全新高度。第一，人类已经

图 1-4 港珠澳跨海大桥

图 1-5 欧洲近代科学的一批科学巨人

摆脱地球引力约束，把地球人的活动空间扩展到了浩瀚的宇宙太空；第二，人类的知识范畴与技能，从被动服从自然的生存原则，进化到主动适应和创造更加合理的生存原则；第三，利用自然规律和突破传统意识约束，创造更加和谐、舒适、自由的理想乐园。这三点当中的第一点，不需要解释，一般人都能理解。对于第二点，需要说明的是，伴随人们科学认识的提高，人类掌握了许多自然现象的规律和适应这些规律的对策。譬如，人们虽然不能控制地球上四季冷暖的变化，火山、地震的发生，但是现代科学的天气预报，灾害监测与预防，可以减少灾害损失，为人类安全的生存环境提供保障。第三点是现代科学研究的最高目标，将来总会有一天，人类可以寻找到改造月球、火星等地外天体的办法，以拓殖有限的生存空间；地球人将会用更科学的方法，合理使用地球的有限资源，更合理地构建人和自然的和谐关系，包括国家与国家之间、人和地球上其他生物种群之间，乃至和自然现象与规律之间，维持地球人类文明的可持续发展。

中华民族的科学启蒙

在中国，"科学"这个名词虽然是从西方传入的，但是具有5000年发展史的华夏文明是世界四大古文明之一，是唯一延续不断、曾经创造过许多辉煌、做出过杰出贡献的文明，而且还在继续为人类的进步发挥巨大作用。我们在小学就知道，指南针、火药、活字印刷和造纸术四大发明（图1-6）对世界文明进步的贡献。其实，中国的古代科学成就，远远不止这四大发明。例如，中华民族是最早发展农耕文化，最早发明制陶技术，最早掌握青铜器冶炼、制造技术，最早发明文字，最早使用计数法则，最早发明医药的民族……我们所熟悉的大禹治水

图1-6 中国古代四大发明

的故事，是公元前21世纪的事，如今留下的诸多遗迹，都证明那时的人们，不仅具有开山掘土的非凡技能，而且还有因势利导的科学思维。

流传至今的《诗经》是记载公元前11~前7世纪社会民风、民俗，以及天文、地理、动物、植物等自然现象的著作，被誉为中国古代社会的百科全书，其中有些篇幅，被选入中小学课本。

成书于公元前2世纪左右的《山海经》，一直被视为荒诞不经的奇书，但它记载了山川、民族、物产、药物等方面许多具有科学价值的知识。

公元前700多年的春秋、战国时代，是一个"百家争鸣"的学术繁荣时期，诸子百家，各抒己见，所涉及的知识范畴几乎覆盖现在科学的各个领域。爱国诗人屈原的著名诗篇《天问》，其广阔的视野和无限的畅想，超越今人，可谓中国太空探索的鼻祖。

中国还是最早的航海大国。当谈及谁是世界航海第一人时，大家都会说到"哥伦布发现新大陆""麦哲伦环球航海"。1492~1502年，哥伦布率领3艘帆船先后4次从西班牙远航到美洲，是第一个到美洲的欧洲人。麦

图 1-7 郑和下西洋的船队和航海图

哲伦在 1519 年 9 月得到当时西班牙国王的支持，为了寻找香料产地，率领 4 艘帆船、256 人开始了他的环球探险，从大西洋到美洲，沿南美洲南下，穿过麦哲伦海峡到太平洋，当他 1521 年到达今天的菲律宾时，因为和土著人发生战斗而丧命，他的下属于 1522 年 9 月驾驶一艘帆船回到西班牙。其实，在哥伦布之前 87 年，麦哲伦航海之前 114 年，就是中国明朝永乐三年，公历 1405 年 7 月，中国的一位航海家——郑和，就已率领由 240 多艘海船、27400 多名船员组成的船队，远航西太平洋和印度洋，足迹遍布中国当今南海诸岛、东南亚、南亚、中东和西非的 30 多个国家和地区，这就是著名的"三宝太监下西洋"（图 1-7）。哥伦布的功绩主要是发现了今天的美洲，但他同时也开启了欧洲人对美洲的殖民，让那里的土著民族遭遇到灭族之灾。麦哲伦航海的初衷

是寻找香料场地是为了掠夺资源。郑和航海为所到之地，带去的却是先进的华夏文明，播种友谊，繁荣商贸。麦哲伦的船队和规模也远远不能和郑和船队相比：麦哲伦的帆船在郑和高大宏伟的楼船面前只能算是一叶小舟；麦哲伦出航时只有 4 艘船，成功返回的只有一艘；郑和的船队多达 240 多艘，历时 29 年，七次往返；麦哲伦船队总共只有 256 人，郑和船队多达 27400 多人，如此浩大的船队，恐怕当时西班牙全国也没有这么多。如此看来，无论是航海目的、船队规模，还是造船技术、船队人数、持续时间和航海总里程，中国都遥遥领先于当时的欧洲。

中国还是世界公认的传统农业大国，在几千年的农耕文化发展过程中，相关科学研究和学术著作浩如烟海，特别值得一提的两本著作是，公元 6 世纪北魏末期贾思勰的《齐民要术》和公元 17 世纪明朝崇祯年间徐

光启的《农政全书》，前者记述了黄河流域下游地区的农业生产，涵盖农、林、牧、渔、副，包括发酵、酿造等生产技术知识，后者更是集前人农耕文化之大成，内容涵盖农业管理、土地利用、农业技术、机械制造、水利、林业、畜牧，以及养殖、加工等多个领域的理论知识与技术（图1-8）。在380年前，徐光启的这一科研成果，是中国古代农业科学遗产的汇总，让同时期的欧洲人望尘莫及。

现代科学起源于欧洲，许多改变世界、造就当今文明的发明创造，都来自于以欧、美为代表的西方世界，科学界的最高荣誉奖，也是欧洲人设立的诺贝尔奖。特别是谈到20世纪人类突破地球引力，实现飞天梦想的航天时代时，似乎全是美国、俄罗斯以及欧洲等发达国家的功绩，第一架飞机是美国莱特兄弟的发明，第一枚现代火箭的诞生是德国人的功劳，第一颗人造卫星是苏联科技领先的标志……但是，任何一门科学的发展，都有其知识的积累过程，没有前人的知识积累，先进科学就是无根之木，无从说起！中国的近代科学落后于西方，这是事实，但是中国古代的科学发展却一度领先于世界其他地区。例如：

中国早在公元前20世纪就有了天文观

图1-8《农政全书》上的水力机械图样

测设施，就有专门从事天文观测研究的职业，创造了世界上第一个宇宙星空坐标系；在公元前1000多年前，中国就有了对太阳、月亮、行星、彗星、新星、恒星，以及日食和月食、太阳黑子、日珥、流星雨等罕见天象的文字记载，开创了世界天文学的先河；早在公元前7世纪，中国人就懂得了利用空气动力学原理发明风筝，被公认是现代飞机的鼻祖。

西方人还传说一个科学发明故事，意大利画家达·芬奇是一个兴趣广泛的人，他不仅会画画——蒙娜丽莎就是他的不朽传世之作，而且是一个心灵手巧的发明大师，他的一生有过无数让后人惊叹的幻想之作，其中由他手绘的直升机图样，成为后继发明者的蓝本，可是更让人没有想到的是，他绘制直升机的灵感来自从中国得到的一个玩具——"竹蜻蜓"。

早在公元10世纪前后，宋代人发明的火箭，在13世纪以前，一直在世界上遥遥领先，被全世界公认是现代航天运载火箭的先驱。

陀螺仪是航空、航天领域使用广泛的核心技术，它的原理却来源于中国人早在1000多年前就出现的一种玩具"千千"，又名"地牛儿"（图1-9），只要用鞭子抽打它，它就会不停地转动，不打抽它就会停下来。

热气球是16~17世纪才兴起的一项航空活动，可是早在公元2世纪的三国时代，著名的军事家、政治家，蜀汉的丞相诸葛孔明就已经将热气球原理运用于军事侦察和气象测风上，这就是今天妇孺皆知的孔明灯。

即使是载人航天活动，中国古人也曾有过开创性的壮举：明朝初年，一位不知名的小官，后人称他为"万户侯"，曾经勇敢地把自己捆在一张座椅上，在椅子下面装上24支火箭，进行了一次"载人航天"试验。

图 1-9 现代陀螺技术的鼻祖——地牛儿

当然，万户侯当年使用的火箭不是今天的火箭，而是中国古代的火箭，就是今天逢年过节、喜庆日子燃放的，名为"钻天猴"的烟火。所以，万户侯的飞天试验，必然是一场悲剧，但标志着中国人的勇气和对科技执着追求的精神。这种精神让全人类为之感动，当现代科学进入真正的航天时代时，人们还在怀念这位前辈，全世界科技界一致公认他是人类航天第一人，并将月球上的一座环形山命名为"万户侯"山，以此来纪念他。

近代的 **150** 多年，中国社会动乱，中国人饱受贫弱与屈辱，科学技术发展一直处于停滞状态，直到新中国成立。所以，当谈及科学发展现状时，每一个中国人都会真切地感受到，以欧美为主导的先进国家走在前面，处于发展中的中国，在若干领域都落后于人，有许多东西需要从别人那里学习。但是，在学习外来先进科技的同时，更需要继承源远流长的民族精神遗产，中华民族是一个优秀的民族，有勇于超越和引领世界文明

发展进程的睿智和能力，通过赶超，中国一定能够找回我们曾经拥有的辉煌。

科学分类

既然科学是知识体系，是伴随人类文明发展进程所积累的知识和学问，那么随着社会文明的进步，知识体系必然会不断扩展，不断丰富。在信息化时代的今天，科学的范畴包罗万象，就像是一棵枝叶繁茂的参天大树，而且还在生发出朝气蓬勃的新枝、新芽，科学的每一个专业学科，只是这棵大树的一枝一叶。某个人一生所从事的研究活动好比"沧海一粟"，只是这棵科学之树的一个小枝丫。所以，面对这样一棵"科学树"，让所有人，特别是正在成长、学习知识、准备选择人生未来理想和事业的青少年朋友们会感到困惑。因为，自己的兴趣、爱好是什么？自己能够干什么？在这棵科学树上，能够攀摘到哪一根枝丫、哪一片叶子？每年临近高考，都是一些家长和青年学子，面对众多学校、成百上千的学科专业，懵懵懂懂，无所适从（图 1-10）。

世界上有不少著名专家、学者，终生从事现代科学学科分类研究，企图建立一个有逻辑性的科学分类，从宏观上把握"科学之树"的总体结构，从微观上解释每门科学之间的前后关联，明确它的位置、地位和研究目的、内容，预测学科发展的趋势，为人们提供一份完整的科学王国的联络图。显然，科学分类研究本身也是一门科学，它的意义在于：认识科学的总体范畴、洞悉科学的构成框架、明晰科学的内在关联、把握科学的研究范围、确立技术创新基点等。科学的科学分类在国家层面上，为设立相关科学部门、编制科学规划、制定政策与管理，以及资源配置、信息收集、教育实施、科学传播等提供科学依据；在一般民众层面上，对于

图 1-10 果实累累的科学之树

个人科学素质培养、兴趣爱好取向、事业选择、人生定位等均具有重要意义。但是，现代科学从欧洲兴起至今，已经有几百年的科学分类研究，却没有形成一个被全世界公认的成果。因为，科学的分类一般是由被研究对象的客观特性和分类者主观制定的原则两个方面决定的。不同国家，不同科学研究领域的专家、学者的不同"主观原则"，必然是各抒己见、百花齐放，所提出的各式各样科学分类方法，必然难以达成共识。

概括现代科学的认知范畴，把科学分成：研究自然界运动规律的自然科学；研究社会结构与组织变化规律的社会科学；研究思维方式、方法规律的思维科学；研究自然、社会和思维知识体系中最一般规律的哲学和各类知识都共同具有的"数量"关系的数学五大领域的基本分类方法，原则上得到基本认同。

方法的认同并不等于结论上的共识。因此，在不同研究领域的学者中间，仍然存在不同的观点。例如，我国著名科学家钱学森主张现代科学应分为自然科学、社会科学、

数学科学、系统科学、思维科学、人体科学、军事科学、文艺理论及行为科学九个门类；德国大学的科研目录列出了 4000 多个研究领域；我国教育部 1992 年颁布的学科分类列举了文、理、工、医、农、军事六大部类的 57 个一级学科和 3000 多个专业分类；1989 年出版的《英汉学科词典》收集的社会科学、自然科学和技术科学的学科名称多达 3 万余条，而且近年来新的学科还在不断增长中。

这种分类的不统一和学科数量的膨胀，有三个原因。一是任何一项知识，都需要通过基础理论研究的学科创立；二是理论知识服务于社会应用会进一步发展、更新；三是为实现应用而形成新的技术能力，所以人类文明的进步，必然带来"知识爆炸"性地变化，而无法固定到一个统一的分类中。

我国在 2009 年颁布的国家标准《学科分类与代码》（GB/T 13745—2009）按照自然科学、哲学社会学两大体系划分出 58 个一级学科，约 691 个二级学科，约 2397 个三级学科（图 1-11），在三级学科之下，还有许多新兴的学科并未列出。自然科学类一级学科 39 个，包括数、理、化、天、地、生、工、医、农，以及航空航天、信息技术、环境安全与管理等新兴领域；哲学社会学类一级学科 19 个，包括语言、文字、宗教、信仰、法律、政治、经济、历史、情报、教育等。

上面介绍严谨的学科分类，是为了扩充青少年朋友的知识面，为中学时代的立志选择、即将进入大学深造的志愿选择，以及大学毕业的就业选择提供参考。

其实，大家更熟悉一个词"科技"，翻译成英文是"science and technology"，这个词组由"science"和"technology"组成，前者是"科学"，后者是"技术"，两者并列。这就

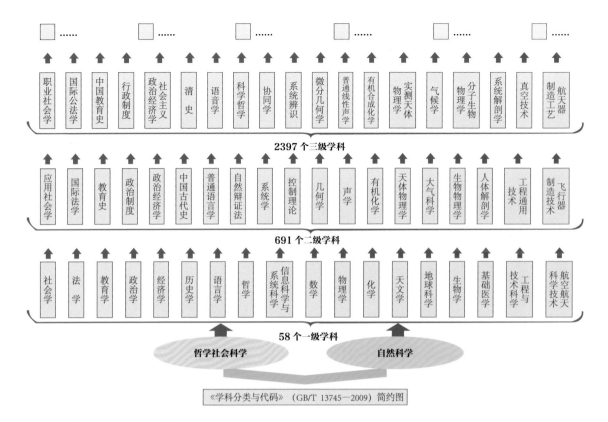

图1-11《学科分类与代码》简约图

是说，在世界范围内，大家的共识是，把探索、发现自然及事物现象及规律研究的知识范畴归为"科学"，而把创造、发明，扩充能力的知识范畴单列出来，归为"技术"。显然科学是技术的基础，技术是科学的拓展。

于是当我们谈某某科学时，就不再是宏观的科学定义概念，往往是限定在基础理论的学术研究。这些概念为一个人的立志选择提供了方向，你可以按照自己的兴趣、爱好、性格、特长和身体素质、各门功课的成绩等择优选择自己未来的人生道路，这就是我们常说的"是学理，还是学工"的大概念（图1-12）。因为，不同学科的研究方法不同，对人才的特质要求也会有所差别。例如，数学、物理学、化学等，以符号、概念为主要研究对象，多用分析、推理、论证的方法，目的在于构造形式的、先验的思想

体系或理论结构，要求有较强的逻辑分析能力；天、地、生等自然科学以研究自然现象为主要对象，多用实证、观察、检测等方法，其目的在于揭示自然的奥秘，获取自然的真实认知，要求有广泛的兴趣爱好和精细的认知能力；技术同样涵盖各学科领域，以人工、实践为主要研究对象，多用设计、试错等方法，目的是把自然科学理论研究成果转化为应用技术成果，创造出新的生产工具、流程、工艺和制品，服务于国民经济建设、国防军事建设等社会发展，要求有较强的动手能力和技巧；社会科学主要以人类社会结构为研究对象，多用调查、统计、归纳等方法，进而把握社会规律，解决社会问题，促进社会进步，要求有善于沟通、表达的能力；人文学科以人作为研究对象，多用统计、调查、解释、启示等方法，其目的

图 1-12 立志未来

在于认识人、人的本性和人生的意义，提升人的精神素质和思想境界，要求有丰富的情感，正确的价值观等。

对于广大青少年朋友来说，只要准确认识自己的特长和优势，科学地定位好事业取向，再加上勤奋、执着的上进精神，那么你就为自己的人生奠定了坚实基础，就会"赢在起跑线上"。

空间科学的范畴

空间科学是 20 世纪 50 年代，开启航天、载人航天事业之后，才涉入的知识领域。有人把空间科学解释为"研究空间的科学"，这并不准确，从人类航天事业现状和发展趋势看，空间科学几乎涵盖了人类已有知识积累的各个领域。因为，有了航天，人类突破了地球引力场约束，生存区域不再仅限于地球，而是延伸到浩瀚太空，乃至其他地外天体，知识积累的科学范畴自然也就延伸到地球之外的空间，一个新的"空间环境"使得人类需要重新审视千百年来所积累的知识体系，为实现人类拓殖太空做知识储备。

被国内外专家普遍认同的空间科技领域，即航天领域应包括以下三大范畴：

一是空间技术，如航天、航空器的设计、制造、发射、飞行，以及天地控制和配套设备技术等，国家科学分类标准一级学科"航空、航天科学技术"中的 13 个二级学科、39 个三级学科都属于这个范畴。

二是空间科学，国家标准 GB/T 30114.1—2013 定义为："利用航天、航空飞行器以及地面工作平台，研究发生在地球、日地空间、太阳系乃至整个宇宙的自然现象及其规律的各个科学范畴。"显然，它

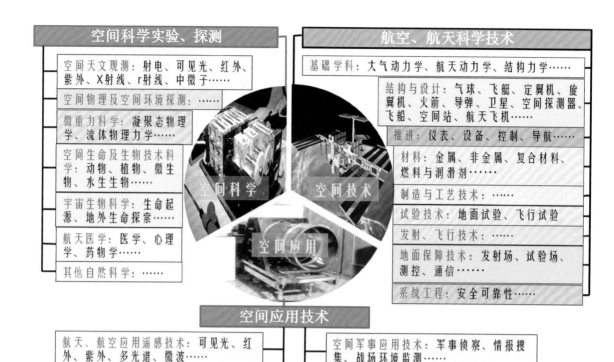

图 1-13 航天领域的三大范畴示意图

涵盖了几乎所有自然科学领域,目前的空间科学研究,主要是在空间物理学、空间天文学、月球和行星科学、空间地球科学、空间生命科学、微重力科学、航天医学,以及航天心理学和行为学等方面的前沿基础研究和试验性应用研究。

三是空间应用技术,主要是指利用航天、航空机会,创造新的设备和技能,服务于国民经济建设、国防建设,以及改善地球人类生活质量的知识范畴,如人们熟知的卫星通信与定位技术、航天遥感与应用技术,以及美、俄等军事强国积极发展的太空防卫军事技术等。由于学科的相互融合与交叉,图 1-13 只是一个简略的示意图,并不代表空间科技的全部内涵。事实上,凡是能够利用航天、航空器实施的科学与应用技术研究都可以纳入空间科学的范畴,所以空间科学被誉为"引领现代科学与技术创新"的前沿。

空间科学的诞生与发展,是因为人类的活动范围扩张、延伸到了一个新的、相对陌生的太空空间。要开发、利用这个空间,就要了解这个空间;就要检验在地球上所建立的知识体系是否完全正确、是否需要修正、是否在空间也适用;为适应空间条件是否需要建立、创造新的生存、活动技能等。那么,地球之外的空间与人类传统认知的地球环境有什么区别呢?几百年来近代科学的知识积累和半个多世纪的航天活动实践告诉我们,地球之外的浩瀚宇宙有太多不同于地球表面的自然现象和特殊环境——是我们没有认知的东西,人们统称它为"空间资源",利用空间资源服务于地球人类社会文明进步发展之需,就是空间科学研究的目标。

空间资源利用

空间资源是指可被人类利用的航天飞行器上的失重状态、飞行轨道高度，以及空间高洁净、高真空、强辐射、高热或深冷等特殊环境。人类航天开发的最重要的空间资源之一就是"微重力"。

什么是微重力？首先得知道什么是重力，我们在日常生活中绝对离不开"重量"这个词汇，上超市去买一斤肉、买一斤糖、买一袋米，都要用重量来计价，一个人的体重是多少？一辆车能装多少货物？也要用重量来计量，那么这重量到底"量"的是什么呢？答案就是：人或物的质量大小在地球引力场中的表现。如果没有地球引力，不管是多大的质量，都表现为没有重量，所以习惯上又称地球引力场为地球重力场。如果你受到的引力发生变化，那么你的重量也会发生变化。例如，一个航天员在地球上的体重是60千克，他到月球上去就只有10千克，因为月球的引力只有地球的1/6；同样是这个航天员，再到火星上去，他的体重又变成了23千克，因为火星引力为地球引力的1/3多一点儿。如果来一场星球运动员的跳高比赛（图1-14），你在地球上的最好成绩是2米，那么到火星上你可以跳过5.3米，到月球上就成为一个飞人，能跳12米。可是，在地

球上，重力无处不在，即使是现代科学技术，也无法模拟出一个不受地球引力约束的无重力环境。

在航天器围绕地球的运行过程中，在飞船内可以形成一个长时间的近似没有重力的环境。因为，太空飞船围绕地球飞行的速度，每秒接近7.9千米，它所产生的离心加速度，基本抵消了地球引力加速度，成为失去重量的状态，只剩下微小的其他干扰力作用，在飞船中的人或物都可以飘浮起来（图1-15），科学家称这种现象为微重力现象，这种环境为微重力环境。

利用航天器上的微重力环境是开展科学研究最理想的实验室，科学家可以研究地球重力场在物质结构、地球生命的发育、成长过程，以及各类自然现象和规律中所起的作用，进而完善科学认知，发现新的自然现象和规律，所以微重力科学实验研究，成为当代航天、载人航天中最多、最广泛的科学活动之一。

飞船、卫星运行在距离地面几百千米到上万千米的地球外围空间，飞机可以飞在几千米到20千米的地球空间，气球、飞艇之类的飞行器可以飞行在距离地面20千米到60千米的空间，火箭可以飞行到距离地面100~200千米的空间，利用这些飞行器飞得高的特点，来观察我们生存的地球，就

图1-14 星球上的跳高比赛

图1-15 国际空间站内航天员处于自由飘浮状态

有"站得高，看得远"的优势，所以"空间高度"也是一种空间资源。譬如，在地面上，哪怕四周平坦无遮挡，你在 5 千米之外看到的就是天地相交的地平线；如果你站在高高的山上，也许有可能看到 50~100 千米以外的地平线；你在飞机上，有可能看到几百千米以外的地平线；如果你在飞船上，可能一眼看到整个中国、亚洲（图 1-16）；如果你乘坐的飞船运行在 36000 千米左右的高度上，那么你将看到地球最外沿，大约 1/3 个

地球区域都在你的眼底。利用最先进的光学照相或微波仪器，在航天器的飞行高度上来观测地球上的地形、地貌、海洋、大气、生态，乃至人类的社会活动，就是航天遥感。

把航天器作为一个无线电信号的转发站，就像是建造了一座高度达数百千米、上万千米的天线塔，来传播电视、广播等无线电信号，就是全球卫星通信、定位的应用。利用航天器居高临下的绝对优势，对敌方进行侦查、监视、打击就是航天军事活动。所

图 1-16 从国际空间站上看到的东北亚地区

以，利用航天器轨道高度这项空间资源，能够获取服务于地球人类社会最优厚的效益。

空间的高真空、高洁净、强辐射、高热和深冷，同样是在地面上难以获取的可利用资源。"高真空"是指空气极度稀少，稀少到近乎没有，地球大气层的 99% 的空气质量分布在距离地球 32 千米以内的空间，所以当地面是 101.325 千帕的标准大气压时，在 200 千米高空只有 0.133 千帕，到 340 千米高度上几乎就是绝对真空状态了，这种高真空状态在地面上人工制造的真空罐中几乎无法实现，但在空间却是一个天然环境，这对于需要在真空状态下开展的科学实验研究，无疑是一个最理想的实验环境。

"高洁净"是指航天器所在的轨道空间，空气很干净。地面上看似晴好的天气，空气中也难免会有尘埃、有毒气体、致病微生物等杂质。人们要想在地面获得干净的空气，需要花费很大的成本建造一个超净的密闭空间，但即使是 100 级的超净实验室，也只能做到 1 立方米空间内，大于 0.5 微米的残余尘埃颗粒物质不超过 3500 个，细菌不超过 5 个。可是在距离地面 20 千米以上的空间，绝对没有这些烦恼，也不需要花费任何成本去建造超净实验室——那里本身就是一个非常干净的空间。350 千米高空的实测数据表明，大气的质量密度也不超过每立方米 10^{-12} 千克，即毫微克的范围内，这样的洁净度是地面绝对做不到的。

在地球大气平流层之上空间的辐射环境非常复杂。由于没有地球大气层的遮挡，来自外太空的银河宇宙线辐射、太阳高能粒子辐射相比地面要强烈得多，而且这些强辐射穿过飞行器舱壁后还会与舱体或舱内仪器碰撞，产生出中子、电子和 X 射线等二次辐射，从地球表面附近扩散到近地轨道的粒子、质子和中子也是一类辐射。

空间这种复杂的辐射环境对航天器上仪器或生命物种都会产生影响，是引起生物体发生变异的重要原因之一，特别是外来的强辐射具有强大杀伤力，所以航天员进入太空要穿航天服（图 1-17），但这种辐射环境也为科学家研究辐射生物学、材料学、空间物理、粒子物理等提供了理想的实验条件。

"高热和深冷"是太空特殊环境的另一大特点，以中国神舟飞船为例，它一般运行在 350~400 千米的空间，正是地球大气层的热层范围，在那里，因为基本上没有了作为传递热的介质——空气，物体感受的温度主要是来自太阳的直接辐射，所以飞船在向阳面时，温度是零上 100℃ 左右，飞船在被地球遮挡的阴影面时，温度是零下 100℃ 左右。如果到地球外层大气边沿，温度还可能达到零上或零下 700~800℃，甚至更高。

随着对空间环境的科学认知的深入，科学家发现地球表面磁场的磁感应强度分布是不均匀的，一般在 25 ~60 微特斯拉（单位符号：μT），而且随着距离地面高度增加而减小。所以，在航天器上的磁场会比地面弱，在一些星球表面和星际环境中，磁场的磁感应强度将会变得非常微弱，甚至消失。那么地球生物在那些没有磁场或不是地球磁场的亚磁环境下，又将有些什么变化呢？这也是一个需要探索的科学问题，航天器上的亚磁环境也就成为一种可以服务于科学研究的资源。

上述的这些空间特殊环境条件，对于科学家们极具诱惑力，因为至今人类掌握认知的绝大多数自然科学知识积累，都是在地面上获取的，在太空新的环境条件下，是否还适用，需要到那个真实环境中去检验、验证，由此促进了新兴的空间科学，以方兴未艾的蓬勃发展态势，促进航天事业的持续发展。

图 1-17 航天员穿航天服执行舱外作业

第 2 章

空间科学实验

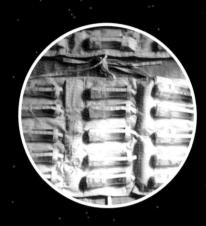

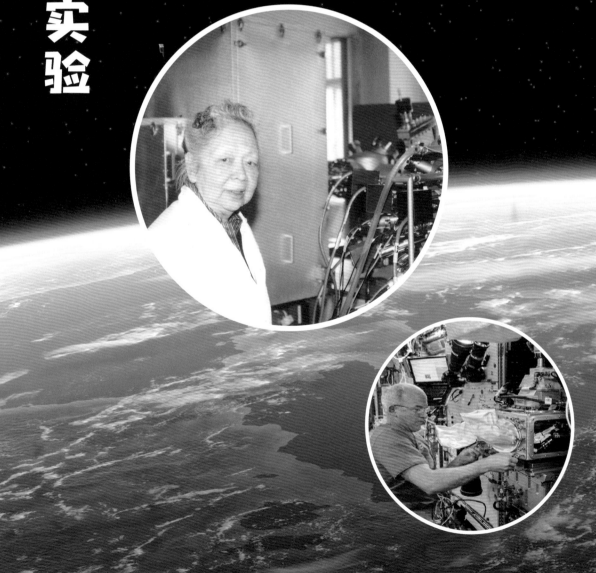

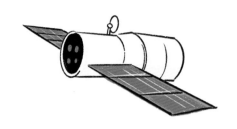

为什么要去空间做科学实验

在人类还未进入太空时，人们对它仅仅是停留在一些浅显的理论认识上，没有实践检验和证明。20世纪中期，人类突破地球引力场，第一颗人造地球卫星、第一艘载人飞船相继进入太空，在其后的40~50年间，许许多多新的发现让人们认识到，空间的高真空、高洁净、强辐射、高温和深冷，以及航天器上的微重力或低重力条件等特殊环境，既是人类进入太空征途上的一个个障碍，也是可为地球人类服务的一类资源。例如：

1959年5月，美国在发射第一颗人造卫星时，卫星上测量宇宙线辐射的计数器突然出现故障，让在场的科学家们感到沮丧，然而他们中的一位时年44岁的物理学家——范艾伦，经过分析思考，提出一个大胆的推测：不是计数器失灵！是空间存在大量高能粒子辐射，导致计数器饱和！这个推测是否正确？科学家们按照范艾伦的想法，改进了探测仪器，在其后发射的第二颗、第三颗卫星上进行了验证实验，证明了范艾伦的推断，于是空间存在一个特殊的强辐射带的伟大发现被证实了。范艾伦从此一举成名，成为1959年5月《时代》杂志封面人物（图2-1），并当选为美国国家科学院院士，1987年美国总统里根授予他美国科学界最高荣誉"国家科学奖章"。而那个由他发现的空间强辐射带，也被命名为"范艾伦带"。

1961年，苏联航天员尤里·加加林乘坐东方1号宇宙飞船实现世界上首次载人宇宙飞行，标志着人类正式进入了太空领地。于是，科学家们纷纷利用航天器开展各类空间科学实验研究，其中生命科学研究最受重视，因为它直接关系到人在太空的长期生存活动问题。所以，早期有科学家把成年老鼠、小狗、猴子等哺乳动物作为"先锋"送入太空做各类研究。有一次，科学家把一对老鼠送入太空，当卫星返回时，老鼠双双毙命，现场勘查发现老鼠的鼻孔上沾满了颗粒状的粪便，原来在太空失重环境下，老鼠

图2-1 美国《时代》杂志封面——范艾伦

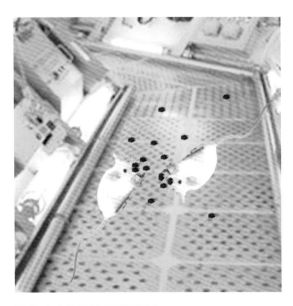

图 2-2 老鼠因粪便窒息而亡

的粪便自由飘浮在空中，老鼠的呼吸作用把它吸附到鼻孔上，使得自己窒息而亡（图2-2）。这一结果成了航天科技界的笑话，因为实验者忘记了一个最简单的常识——失重或微重力现象下，任何物质都失去重量，老鼠微小的呼吸气流足可以吸住飘浮着的粪便直至窒息死亡。

所以，许多在地面上看似简单的问题，到了太空却变得不简单了！人们长期在地球引力场中建立起来的科学认知，是否还适用于太空环境，成为人类准备进入太空时必须考虑的重大问题。到真实的太空环境中检查、验证科学认识是空间科学实验的第一目的。如果说，人类开拓航天之前的空间科学实验目的，是着重于认知全新的太空环境下的自然现象和规律，那么随着对太空环境有了初步实践认识之后，一些更具有现实应用效益的新问题也提出了新的研究目标。例如，地球物质世界始终是处于地球引力场控制之下的，这种控制所产生的重力在物质结构、运动，生物进化、生长、发育等诸多自然现象中扮演了什么角色？在人类的生产、生活技能中，重力又发挥了什么作用？在地面上无法摆脱地球引力作用，人们无法获取到这方面的知识，是一个认知缺陷。航天飞行器内所特有的，可以维持相对长时间的失重或低重力条件，正好为科学家搞清楚上述问题提供了一个理想的实验场所，通过空间科学实验来完善知识体系，进而科学地指导地球人类的社会生产活动、合理开发/利用地球资源、提高人类抵御疾病和应对自然的生存能力等诸方面。所以当代空间科学实验研究目的，已经不再是单纯地认知太空环境下的自然现象和规律，而是面向地球人类社会的生存与发展的应用技术探索。随着现代科技水平的不断提高，科学目标的精细划分，研究深度和广度的扩展，空间科学成为现代各个科学领域内的最具有前瞻性、前沿性的分支学科。

到空间去做什么科学实验

在一次对中学生的科普讲座中，一位同学问道："到空间去做什么科学实验？"引起了听众的广泛关注。对于这个看似简单的问题，要给出具体答案还真不容易，因为从理论上讲，凡是科学家认为需要利用空间的某一项特殊条件来研究某一个科学问题、验证某一项新技术，或者是需要探索认知某一特殊空间条件下的自然现象，都可以到空间去进行实验。所以，到空间做什么实验，首先是要看实验者需要通过实验来回答什么科学问题，这个科学问题是不是在已经积累的知识体系中缺少或不完善，因而需要补充或修正。

根据近半个世纪实践总结，适合也能够拿到空间去做的科学实验大致可以分为两大类型。

一是利用只有在航天飞行器或太空中才具有的资源，作为强化观察研究对象的实验条件的科学实验。飞行器的轨道高度、微重力，以及复杂的强辐射和舱外高真空、高洁净等空间资源中，被利用最多、最普遍、最典型、最便利的是微重力和复杂太空辐射条件。大部分空间科学实验都集中在流体力学、材料科学、燃烧科学、生命科学与生物技术，以及与载人航天可持续发展相关的人体科学，包括航天医学、航天心理学、航天生理学、航天环境学等众多领域，近年来基础物理学范畴的一些前沿学科的空间研究发展异军突起，也成为热门。

二是认知、求索太空极端环境条件下的自然科学规律和机制为目的科学实验。利用航天技术开展空间科学实验，完善和深化在地球上建立起来的科学认知体系，为探索人类适应太空生存环境做知识储备。大部分以应对微重力、强辐射等空间极端环境的基础理论和应用新技术研究都属于这一类。

苏联的第二颗人造卫星把一只名叫"莱伊卡"的小狗送入太空（图 2-3），目的是考

图 2-3 苏联小狗上天的历史图片

察包括卫星的微重力环境和太空强辐射条件，以及卫星发射过程中超重等因素对地球生物的影响，为载人航天飞船的设计提供了第一手科学数据。这应是人类认知太空环境的第一个空间科学实验。

20 世纪 **80** 年代，中国著名的材料物

图 2-4 空间材料物理学家林兰英院士

理学家林兰英院士，首次在返回式卫星上进行了砷化镓半导体晶体材料的生长实验（图 **2-4**）。目的是利用卫星上的微重力条件，去探索重力场在物质结构中的作用，并期望通过空间实验，创新半导体晶体材料制备的新工艺、新方法。在卫星上由于重力消失，砷和镓两种比重不同、熔点差异悬殊的物质元素，可以更均匀地混合，从而有可能制备出成分更均匀的高质量半导体材料，通过空间实验研究为地面上半导体晶体材料的生产制备，提出新配方、新工艺。

2008 年，我国神舟七号首次实施了一项舱外太空科学实验，把多种润滑材料置于外太空环境下，经过一段时间，由航天员取回来，研究外太空高温、深冷、强辐射，以及太空尘埃、原子氧等可能造成的润滑材料性能变化。**2016** 年发射的天宫二号实施的无燃料电磁驱动引擎测试实验，都应当属于空间应用新技术演示验证实验，目的是服务于面向航天技术发展、空间应用仪器 / 设备制造新技术。

科学实验的组成和特点

科学实验是运用一定的物质手段，通过干预和控制研究对象而观察和探索有关规律和机制的一种研究方法，是搜集科学事实、获得感性材料、检验科学假说、形成科学理论的实践基础。这就是说，科学实验是认知、求索的实践活动，是通过某些具体操作手段，观察、认知实验对象客观存在的现象和规律，进而建立科学理论的研究方法。因此，任何一项科学实验研究都应当有三个组成部分，即实验者、实验对象和实验手段（图2-5）。

谁是实验者？就是执行实验的科学家。什么是实验对象？就是科学家想要探索的问题，它可以是具体的物质，也可以是抽象的

图 2-5 科学实验的三大组成示意图

某一理论假说，或者是一个猜想、一个概念。实验手段应当是指由各类软、硬件所组成的成套装置，它包括实验所在的环境，所使用的仪器、工具、设备，以及用于干预、控制实验研究对象的工作流程等。所以，空间实验和地面实验的本质区别，就是它使用了空间这个特殊环境作为技术手段之一。

任何科学实验都具备以下基本特点。

1. 排除干扰因素，纯化观察研究对象条件，以认知其本质现象。例如，研究某种物质在空气中是否只是因为遭受某一种微生

物侵袭而变质，那么就应当把这种物质和这种微生物隔离开来，或者是只把这种物质和这种微生物放在一起，把其他微生物严格清除、隔离开，单纯去观察二者之间可能发生的生物物理现象。

2. 创造特殊的、强化观察研究实验对象的条件。例如，人为创造超高温、超高压、超低温、超真空、失重或微重力等极端条件，去观察与一般自然状态下相比，在这种人为的极端环境条件下会产生什么新的现象。

3. 科学实验的统计特性。探索一个科学问题，得出一个科学规律，通常要使用到统计学方法，一次实验结果不能作为结论依据，要有足够多的实验结果，进行统计学分析，个别结果的偏差，并不会影响科学规律的统计结果。例如，抽烟有害健康，容易引发肺癌，是通过统计大量抽烟人群的发病概率而得出的科学结论（全球每年因吸烟死亡的人数高达 600 万，中国逾 100 万）。

2012 年国家卫生部发布的《中国吸烟危害健康报告》称，中国吸烟人群逾 3 亿人，7.4 亿人受二手烟危害，每年逾 100 万人因吸烟死亡（图 2-6）。但这并不是说，某个人抽烟就一定会得肺癌，也许某个人抽一辈

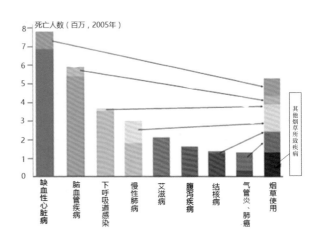

图 2-6 全球与吸烟有关的疾病死亡统计

子烟，他却没有得肺癌，但不能因此而否定"抽烟有害健康"的科学结论。

4. 科学实验结果和科学结论应能够被重复验证。也就是说，任何一项科学实验的发现，其研究对象产生的现象要能够被重复验证，通过反复比较观察，对实验结果加以核对、验证，使其科学结论具有规律性和普适性。某种物质遭受某种微生物侵袭而变质的结论是否正确，需要多次重复验证，在隔离其他可能环境因素后，有意添加这种微生物，或者有意剔除这种微生物，或者更换环境、时间、地点，用相同的实验方法，看是否还有相同结论。能够重复、能够验证，是一个科学实验结论最重要的考核指标。

5. 科学实验的后续研究分析是获取成果的重要手段。为探索某一个问题而设计的实验系统，既可能按照实验者的预期取得成果，也可能出现不是实验者本来科学目标的意外新现象，这种新现象，可能意味着一个新发现的诞生。这类科学发现上的偶然性，

在人类科学发展史上屡见不鲜。20世纪初，英国微生物学家弗莱明发现青霉素就是典型的例子。

1928年9月，弗莱明在他简陋的实验室里研究导致人体发热的葡萄球菌（图2-7），由于培养器皿的盖子没有盖好，使他意外地发现培养细菌用的琼脂上附了一层霉菌，用显微镜观察时，令弗莱明十分惊讶，在这种霉菌周围的葡萄球菌菌落已被溶解，也就是说，这种霉菌的分泌物能抑制葡萄球菌。弗莱明对这种霉菌分泌物进行反复多次的实验，证明这种新发现物质，可以在几小时内将葡萄球菌全部杀死，于是一个治疗人们发烧疾病的新药——青霉素诞生了。在其后，弗莱明和英国病理学家弗劳雷、德国生物化学家钱恩共同对青霉素进行提纯方法的研究改进，并成功地将其用于医治疾病，三人因此共同获得了1945年的诺贝尔医学奖。因此，科学实验无论是成功（实现预期目标），还是失败（没有实现预期目标），都不可以

图2-7 青霉素发现者弗莱明

轻易放弃，而需要通过严谨、精细的后续研究，谨慎地给出结论。

空间科学实验的特殊性

空间科学实验也是科学实验。由于空间实验机会宝贵，相对于地面实验成本高，通常对其任务立项要求：研究目标明确、实验技术成熟，有充足的空间实验必要性。所谓"目标明确"和"技术成熟"的含义不是指需要探索与发现规律和现象的实验对象，而是指为保证实验者获取到预期空间实验结果，突出"排除干扰因素，纯化观察研究对象条件"的实验手段。"排除干扰因素"是指实验者已经知道对实验可能产生作用的各类因素；"强化观察条件"是指实验者尚不清楚可能会对实验产生什么作用的因素，"排除 A"是为了"突出 B"，这是科学研究中常用的思维方式。所以，空间实验除了具备地面科学实验的一般特点之外，它还具有另外一些地面实验所没有的特点。

首先，由于空间实验环境与地面不同，原有在地面上积累的实验经验和技术不能照搬到天上去。例如，在地面上我们往一个容器里注入油和水，不管是先注入水还是后注入水，油总是会浮在水的上面，二者之间有一个明显的分界层面（图 2-8），但是在飞船上做同样一件事，按同样的程序，我们看不到油和水的明显分界层面，这是由于航天器上的微重力现象，使得因重力产生的浮力消失或减弱而产生的。

所以，在空间实验中涉及气体和液体的分离、液体和固体的分离等实验操作技术，或者是实验过程中有气体、液体、固体的混合、分离反应的物理、化学或生物过程时，都必须要考虑微重力因素影响，不能把地面的经验技术方法照搬到天上去。

其次，空间科学实验设计要有远比地面

图 2-8 水油混合的天地比较示意图

科学实验更专一的科学目标，利用空间环境因素还是研究空间环境因素是前提。前者是把空间环境因素作为强化观察研究对象的条件，是实验手段，后者是把空间环境因素本身作为实验对象。为什么目标要更专一？因为对于陌生的空间环境，我们积累的知识还不丰富，复杂的空间环境往往会误导实验者的思维，从而干扰最终的结果分析。

中国科学家早在 20 世纪 80 年代就把"航天育种"作为一个科研项目，把水稻、小麦等各类农作物种子送到天上去，利用空间复杂的辐射效应进行优良品种选育（图 2-9），这在学术界引起了争论不休的讨论，支持者认为"事实胜于雄辩"，经过太空育种确实能够获得优良品种、提高农作物产量，改良农作物品性；反对者认为"实验设计太粗糙，机理不清"，不符合严谨的科学研究原则……其实这一争论的焦点就是科学实验条件的专一性问题，因为尽管大多数科学家认为"航天育种"主要是辐射效应，但是由于简单地把一包种子送上天，没有任何监测手段，没有"突出、强化观察条件"，也没有"排除干扰因素"，所以不能确凿证明起作

图 2-9 在中国神舟三号上搭载的航天育种实验包

用的就是辐射效应。其他因素，比如失重效应等是否也起作用呢？无从解释。这个问题会一直争论下去，航天育种也会继续进行下去，随着未来空间实验技术的提高，人们对空间知识的丰富积累，总会有一个科学结论会让大家形成共识。

最后，空间科学实验需要利用航天飞行器作为依托平台，即使是像国际空间站那样先进的航天器，也没有地面实验室方便。在地面实验室里，实验者产生了一个探索设想，思考出一套探索、验证的实验方法，构建一套实验系统并不难。在实验过程中，发现偏离预想控制的条件也可以实时修正。空间实验就没有地面这么随意了，因此对实验者、实验对象和实验手段都提出一些近乎苛刻的要求。

1. 得等待航天器发射飞行的机会。

2. 有了机会还得服从航天器的技术条件约束，实验过程中要保障航天器的绝对安全，实验对象和实验手段都不能对航天员、航天器平台及其他仪器设备构成干扰。

3. 实验系统要按照平台能够提供的有限重量、体积、供电、在轨实验工作运行的时间、通信传输等条件，以及实验者的实验任务、目标要求来"量身打造"专门设计和制造，并通过充分的地面模拟进行合格验证。

4. 航天器上不具备地面实验室那样宽敞舒适、设施齐备的优势，更不具备科学家"眼观手到"的便利，所以实验系统的运行、实验对象的观察、测量、记录等都要通过天地通信传输系统，实验进程很难做到随意更改，实验者需要周全、精细的实验全过程的预先设计，乃至可能出现的实验偏差都要尽可能做好预先评估。

5. 航天器平台，无论是专业卫星，还是空间实验室、空间站在某一飞行任务周期内，都不可能只执行某一单项实验任务，一个批次任务中，可能有多个领域、不同学科的五花八门的若干实验要同时实施（图 **2-10**），因此实验系统之间要保证互不干扰，又能各自完成自身的实验目标……

由于空间实验的诸多不同于地面实验的特点要求，使得任何一项空间实验都是机遇难求、条件苛刻、风险高、成本高的科研活动，什么类型的实验需要拿到空间去做？值不值得去空间做？成为实验者首先要考虑的事。

图 2-10 国际空间站上航天员安装科学实验设备

第 3 章

空间科学实验方式

空间实验的拓荒者

在 200 多年前的法国，欧洲有一对叫蒙格费的奇葩兄弟，特别热衷于幻想，他们异想天开地用麻布和纸来制作气球，用羊毛和干草做燃料，试图利用热气球把人或动物送上太空。蒙格费兄弟的行为，引起了当时法国国王路易十六的兴趣，于是在 1783 年 9 月，这对兄弟被国王邀请到凡尔赛宫里表演。蒙格费兄弟为了这次表演，专门制作了一只直径达 14 米的热气球，在气球下方安装了一个吊篮，把一只羊、一只鸡和一只鸭装进吊篮里，然后点火把羊毛和干草燃烧的烟和热气搜集到气球里（图 3-1），热气球携

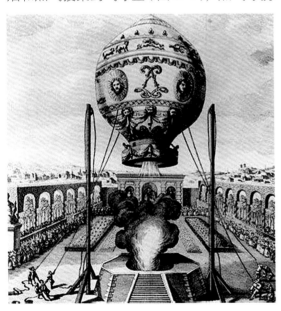

图 3-1 绘画：蒙格费兄弟在凡尔赛宫的气球飞行表演

带着吊篮缓缓上升，在蓝天白云中像一朵硕大的蘑菇，升到 450 米高空。气球飞行 8 分钟后，降落在 3 千米外的森林中。当吊篮落地后，羊、鸭子安全无恙，只有鸡在着陆时被压伤。这次成功的表演让兄弟俩信心满满，于是他们又在同年的 11 月，进行了热气球载人升空的飞行试验。两位勇敢的年轻人——罗泽尔和达尔朗德乘坐蒙格费气球的吊篮，升上蔚蓝色的天空，到达 900 米的高度，飞越巴黎上空 20 多分钟，安全降落在 8 千米之外，实现了人类的第一次航空飞行。蒙格费兄弟的壮举，在当时的欧洲引起了极大轰动，掀起了气球飞天的热潮，后人评价它是近代科学发展史上具有里程碑意义的空间科学实验，开启了人类进军航空时代的探索之门。

20 世纪 30 年代，飞机已经自由翱翔在蓝色的天空。但是，飞机的飞行高度已经不能满足人们的飞天梦想，飞得再高些，飞出地球，飞到其他星球上去——成为新的目标。于是又有一批先驱者开始了向外太空前进的拓荒行动：大约在 1935 年，欧洲人史蒂文斯利用热气球把七种真菌送到 25 千米高度的平流层空间去，看看那里能不能允许生命的存在，结果让他喜出望外，因为他没有发现真菌的存活有什么变化，所以他说："生物可以在太空生存！"

1946 年，正处于第二次世界大战时期，德国的科学家，并没有因为战争而放弃人类

飞天的梦想，利用他们最先掌握的 V2 火箭技术把果蝇送入 160 千米的地球轨道，用来了解地球生物进入太空，是否会受到来自环境的直接威胁。

"二战"后，美国从纳粹德国手里获得了众多科技人才和先进技术。1948 年为研究太空极端环境条件对地球生命的影响，专门发射了以动物为实验对象的 V2 生物火箭。在当时航天技术能力还不具备的背景下，把一些地球生物送入太空观其后效，是最简单、可行的实验手段。这种空间实验方式，在其后的十几年间，甚至是人类已经成功发射人造卫星之后，世界各国科学家都还纷纷效仿。例如：

美国科学家在 1951~1961 年间，先后利用火箭和"水星号"飞船把小鼠、猴子、黑猩猩等送入太空，观察其生物学效应；1965~1966 年间，使用气球、火箭等工具，将脊髓灰质炎病毒、T-1 噬菌体、青霉菌、枯草杆菌等微生物，送到 35 千米、60~124 千米、82~160 千米等不同空间高度上进行实验，考察空间环境下的短暂暴露，会不会对微生物造成致死性影响，从而为载人航天器的舱内环境设计提供理论依据。1963~1973 年间，美国和法国等科学家们仍然采用传统的实验方式，利用火箭、生物实验卫星、空间实验室，将猫、微生物、蛙卵、昆虫、蜘蛛、牛蛙、猴子等送入太空，考察空间微重力环境对地球生物物种的影响。苏联在 1957 年成功发射第一颗人造卫星后，先后把 13 只小狗送上天，考察人进入太空的可能性，为 1961 年 4 月 24 日加加林的首次太空飞行提供了科学的安全性保障。

20 世纪 50 年代，中国处于百废待兴的阶段。苏联人造卫星上天，牵动了中国人的航天梦，当时的国家主席毛泽东在 1958 年提出"我们也要搞人造卫星"，成为中国发展空间事业的原动力。但是，由于国家经济实力不济，由赵九章、钱学森等老一辈科学家倡议的卫星工程几起几落。1959 年中国科学院重新调整空间科学研究发展布局，把探空火箭研制作为重点。以此为契机，在著名生物学家贝时璋主持下，1964~1966 年，先后发射了 5 枚生物探空火箭，把小狗、白鼠以及果蝇、细胞、多种微生物、多种生物酶等送入空间，进行生理、生化、细菌、免疫、遗传、组织化学等多方面的科学研究（图 3-2），开创了中国空间科学实验的先河。

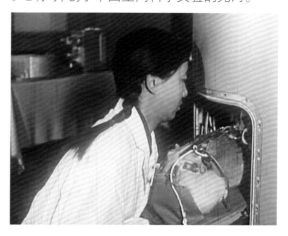

图 3-2 中国生物火箭小狗上天实验（历史照片）

20 世纪 60~80 年代，是美国和苏联太空竞赛最火热的阶段，同期的英国、法国、中国和日本先后突破运载火箭技术，各自完成首颗人造卫星发射。其后，在世界范围内空间科学发展已经成为大国的标志，不同国家、不同领域的科学家们，利用各类应用技术卫星、科学实验卫星、载人飞船、空间实验室、空间站、航天飞机等，开展了数万次计的、涉及领域广泛的科学实验。人类航天事业以史无前例的高速创新态势，推动着空间科学技术的发展。空间实验科学作为研究的手段已经形成体系，各种不同的实验方式、方法为满足科学家们更好地突出科学目标，提供了可以进行选择设计的机会，从而大大提升了空间科学实验的成功效率。

无源独立实验方式

1986 年，为了跟踪世界战略性高科技发展，中国启动了著名的"国家 863 高技术研究发展计划"。服务于国民经济建设和国防建设的返回式科学卫星于 1987 年 9 月 9 日首次成功发射并安全返回，成为中国科学家利用卫星平台进行空间科学实验研究的里程碑。但是，如何做空间科学实验？对于当时大多数中国科学家来说都很茫然：既无实践经验，也没有实验技术装置的设计能力，而且卫星平台在完成主任务前提下，也没有更多的资源可供利用。因此，借鉴早期国外科学家的空间实验方法，简单地把小鼠、猴子、细菌、农作物种子等送入太空，观察空间极端环境对地球生物有什么影响，成为中国空间科学实验迈出的第一步。譬如，做一个密封的小盒子，装上水藻、微生物、果蝇等小生物；用一个布袋装上水稻、小麦、大豆等植物种子（图 3-3），作为调整卫星质心平衡的配重物带上天去，等卫星返回后，取回实验室观察有什么变化。这种因陋就简、不需要电源、不需要操作控制，不依赖平台资源的空间科学实验方式被称为无源搭载，也被中国科学家戏称为"就汤下面"。这种不太严谨、简陋的空间科学实验方式，几乎成为后来每颗返回式卫星的常客，一大批地面小生物、植物种子被送上天去，造就了中国人家喻户晓的"航天育种"，并在经验积累基础上，形成一类成熟的无源独立空间的科学实验方式。

所谓无源独立，顾名思义，是指实验系统不需要航天器平台提供电源和控制，它的实验进程、实验信息获取，都不需要平台的任何干预，平台只提供实验设备的安装位置和允许的体积、重量。这种实验方式的优点是：设计简单，成本低，不受平台附加因素的影响，容易实施，因而在飞行器平台技术水平比较低的航天活动初期被广泛使用。

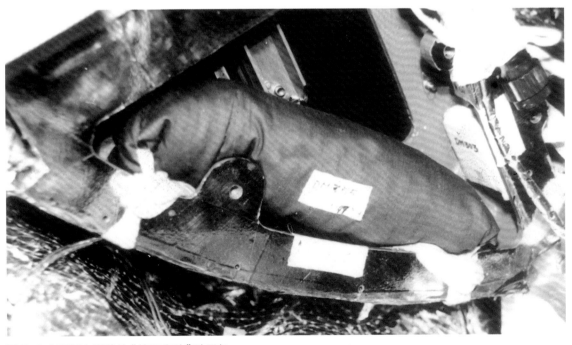

图 3-3 在卫星上搭载的"航天育种"种子包

其实，任何实验方式都是根据科学实验目的来选择的，只要能够达到科学目标，并不计较方式的简单与复杂。对于某些仅仅是认知、求索太空极端环境条件下，实验物被动效应的实验项目，即使已经有了先进的卫星平台技术，也仍然效仿"航天育种"，广泛采用无源独立实验方式。

无源独立实验项目，并不都像航天育种那么简单，例如，"植物的向重性研究"要观察植物生长受地球重力场影响的规律。在地面，所有植物的冠指向天空，根扎进地下，那么在太空、在长期失重或微重力环境中的航天器里，没有天和地的区分，植物的冠和根又将如何生长呢？这个看似很简单的实验，完全可以采用无源独立实验方式。可是，经验告诉实验者，这不能像一包种子那样随随便便送上天，对"植物向重性研究"实验的植物栽培，不能像地面那样，找个盆把植物苗用土圷上就可以了！因为这种栽培技术经受不起火箭发射时的震动和超重状态，盆内的土会垮塌，植物苗无法固定。所以，要采用特殊的，像"果冻"形态的固体培养基来替代土壤，并要想办法把培养基牢牢固定（图3-4），使它在航天器发射过程中经得起震动和超重的力学环境而不垮塌。

如果空间在轨飞行时间过长，如超过十天等，还应考虑如何给植物苗补充营养和水分，以及植物生长过程中维持正常光合作用的光照和环境温度等。所以，即使是无源独立的空间科学实验也需要按照太空特殊环境及航天器发射、运行、返回全过程的力学环境要求设计、制造一个能够维持植物正常生长的封闭小环境。

随着航天空间科学实验系统设计技术水平的提高，为了简化与平台的接口，隔离其他不希望的环境因素干扰，也可以按照无源独立实验方式来设计实验：

植物苗

植物培养基

图 3-4 使用固体培养基的植物栽培示例

实验进程控制、实验信息获取、实验观察与记录手段，以及实验的能源供应都内置于独立系统之内，除安装的位置空间和重量之外，与平台没有任何其他物理接口，实验结果在实验装置回收后提取。神舟七号飞船上实施的固体润滑材料舱外暴露实验，就实验系统本身而言，也应属于无源独立实验方式（图3-5）。至今在某些固定程控实验方式中，仍然可见无源独立实验方式的影子。

固定程控实验方式

自从 1957 年苏联成功发射第一颗人造卫星后，卫星成为开展空间科学实验研究的

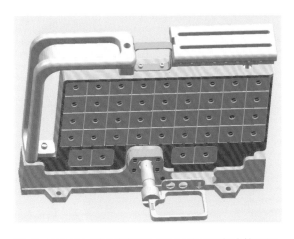

图 3-5 神舟七号固体润滑材料太空暴露实验装置图

主要平台工具。卫星平台能够提供相对较多的技术资源，所以在无源独立实验系统基础上发展起来的固定程控实验系统成为第二代空间科学实验方式。

所谓固定程控，是指空间实验从开始到结束的整个进程控制，都是通过地面实验研究，预先设计好，使用硬件电子技术或计算机软件技术编制程序，固化在实验系统内，设备上天之后，只要平台接通电源，它就会自动按部就班地进行下去，直至实验结束。这种实验方式扩展了可以实施的空间科学实验范畴，提升了实验的操作控制能力，并有效地隔离了不同科学实验系统之间的相互干扰。但是它的最大弱点是，缺乏灵活性，实验进程不可以实时干预，一旦程序发生故障就可能导致整个实验失败，即使是设计者考虑了程序的可恢复能力，但由于实验对象的状态已经发生变化，实验进程不可逆转，因而不能达到预期实验效果。所以，这种方式对实验手段设计、程序设计都提出了很高的可靠性要求。

20 世纪 70~80 年代，苏联和美国之间的冷战硝烟弥漫，太空竞赛成为主战场，谁的火箭推力大，载荷能力强？谁的卫星、飞船水平高？谁能最先到达月球？谁的航天员

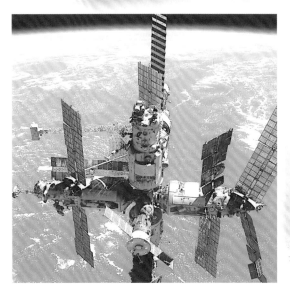

图 3-6 和平号空间站历史图片

在空间驻留时间长……空间基础科学实验研究能力与水平也是双方竞赛的重要内容之一。因此，在实施阿波罗登月、航天飞机、礼包号与和平号空间站（图 3-6）等任务时，伴随主任务都安排了大量的空间科学实验研究项目，有人统计过仅在和平号空间站上开展的科学实验就有 2.2 万项之多。同期世界各国还发射了若干专门供科学家开展科学实验的卫星，苏联的生物技术卫星和光子号卫星曾以每两年一次的发射频度，为世界各国科学家提供实验机会。

为了尽可能简化科学实验系统与空间飞行器平台的软硬件接口，程控实验技术被广泛采用，一度成为空间科学实验的主流方式，直到 20 世纪 90 年代中后期，中国科学家仍然普遍采用这种方式。例如，1999 年中德合作高空气球落舱实验中的生物细胞融合实验、微重力燃烧实验（图 3-7），1996 年返回式卫星上开展的空间材料熔融与凝固结晶、热物性实验（图 3-8），1994 年为实施美国航天飞机 GAS 桶搭载设计的空间材料实验系统，以及 1993 年实施的空间蛋白质晶体生

长实验（图 3-9）均采用的是程控实验技术。

在平台技术能力比较弱或者非卫星主任务、空间科学实验资源有限的情况下，即使在遥指令测控方式成为第三代空间实验主流技术后，程控实验方式仍然是一个相对先进的补充方式，在实验的某一个进程控制环节中，仍然会嵌入使用程控方式。

遥指令测控实验方式

中国载人航天工程和美国、俄罗斯相比，起步差不多晚了 40 年。20 世纪 80 年代末 90 年代初，中国在规划载人航天工程时，各相关政府部门、科学家和工程师们都深切地感觉到，由于缺乏开展空间科学实验

图 3-8 晶体凝固观察实验系统

图 3-7 落舱实验系统安装现场

图 3-9 蛋白质结晶实验系统

研究的技术平台，中国在战略性高科技领域远远落后于世界先进航天大国，如果我们不奋起直追，必将严重影响民族复兴和现代化

建设进程（图 3-10）。所以，在最终得到国家批准的载人航天"三步走"战略规划中，每一步都明确地把"开展空间科学与应用技

图 3-10 载人航天空间应用任务方案论证会现场（前排左 1 何泽慧院士；前排居中林兰英院士）

术实验研究"作为基本任务之一，列入规划之中。在一期工程中，在基础科学研究方面提出了涵盖空间生命科学、材料科学、微重力流体物理、空间天文及空间物理以及航天医学等十余个领域的近 **30** 余项任务规划，涉及的研究课题近 **100** 多个。可是，在此之前中国几乎从来没有过一个完整的空间科学与应用技术研究的系统规划。**20** 世纪 **80** 年代零星的一些空间科学实验研究，仅仅是科学家的个人行为，没有明确的科学目标，一些从事空间科学实验研究数年的科学家风趣地自嘲："那是钓鱼工程！搂草打兔子！"所以如何开展成系统、有规模的空间任务，在 **20** 世纪 **90** 年代，还是一个难题。从国外发表的相关论文、报道中寻找依据，按自身的科技水平探索实验技术手段，闯出一条有特色的发展道路，是中国科学家和工程师的使命。中国的第一个载人航天器——神舟号飞船，在设计上优先考虑到空间科学实验的需求，尽可能地为开展空间科学实验研究提供更多的技术资源，于是绝大部分基础空间科学实验研究任务均按照当时国际上流行的遥指令测控实验方式来设计。

在先进的计算机技术支持下，航天器平台可以提供的遥控指令数量、数据采集与传输的遥测量能力，为空间科学实验提供了更加灵活方便的操作、控制方式。处于地面的实验者，可以通过平台的遥控与通信信道，向飞行器上的实验系统发出实时指令或注入管理实验进程的数据信息，空间实验系统的嵌入式计算机在接收这些指令或数据注入信息后，可以按地面实验者的旨意改变实验参数，控制强化观察实验对象的条件。实验系统的工程参数、相关实验进程的运行数据、实验对象的动态信息等，均可以通过平台的遥测系统和通信信道，以图像或数据方式传输到地面，供实验者实时分析，进而判断实验状态是否正常，是否需要进行必要的修正。

由于遥指令测控实验方式提供了实验者间接干预的能力，让空间实验进程相对透明，从而大大提高了空间实验的操作灵活性和实验成功率。中国载人航天一期工程所开展的涵盖空间生命及生物技术、微重力流体物理学、空间材料科学等领域的 **10** 套实验系统，**70** 余项科学实验研究，均采用了这种方式（图 **3-11**），积累了先进的空间实验设计技术。

但是，对实验者而言，遥指令测控实验方式仍然不可能达到地面实验的自由度。所谓"透明"也仅仅是相对于固定程控的"黑盒"实验方式而言。由于天地测控的遥指令和遥测信息都要在航天器平台和地面之间收发传输，很难做到实时，即地面实验者与天上实验进程之间的时间差使得实验者不能有

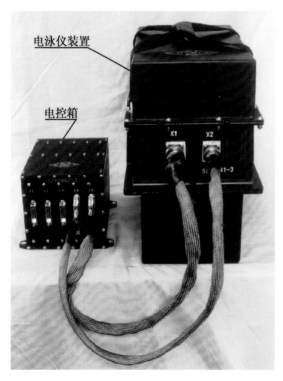

图 3-11 神舟四号电泳仪实验系统

效地实时干预实验。

天地交互遥科学实验方式

天地交互遥科学实验是在先进航天技术的整体水平上提出的新概念。遥远通信传输技术，对于大多数人来说并不陌生，现在医学上的所谓远程诊断，可以把千里之外的病人画面传到医生面前，将一切病理、生理检查和化验数据一一呈现在医生的案头，医生的诊断结论、治疗建议或手术指导，也都可以实时传回病房或正在手术的现场；电视台的节目主持人，为了增加现场气氛，时不时会来一个互动连线，把场外的嘉宾、亲人、朋友给拉到画面上……把这些技术用到天上去，让它成为沟通地面实验者和天上实验系统之间的桥梁，就是所谓遥科学实验方式，但要充分考虑到天地之间的实际条件，不能生搬硬套。

遥科学实验需要有三个最基本条件：第一，航天测控通信网能够对运行在太空轨道上的航天器，无论是在本国的上空，还是在国外、大洋上空，都能够被本国地面飞行控制中心监视、管理（专业术语称为全覆盖）。第二，天地之间的通信信道容量足够大，建立起一个以地面实验科学家和在轨实验系统为用户终端的音像视频和数据网络系统（图 **3-12**）。通过这个网络，空间实验进程的视频、实验数据能够实时呈现在地面科学家面前，实验者通过这个实时的遥现场情景和实验参数数据，做出分析判断，进而实时发出遥操命令去控制实验进程、实验环境，调整或强化、改变对实验对象的观察条件……直至实验结束。第三，空间实验系统要具备高度的安全可靠性和智能化水平，能够全程采集实验进程的视频图像、数据，乃至进行初步的实验状态分析，以保证准确无误地向地面实验者传输信息，准确无误地执

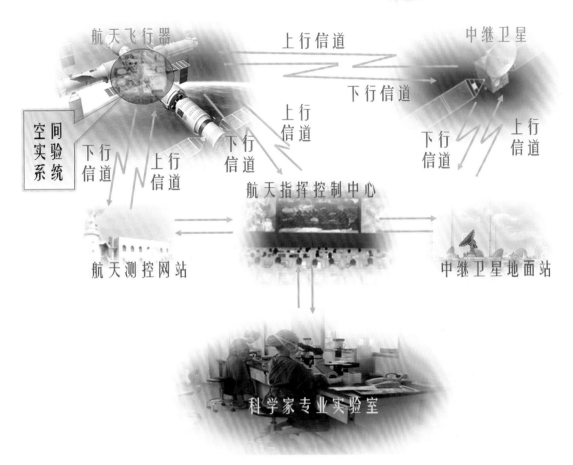

图 3-12 遥操作空间科学实验天地网络示意图

行地面的控制命令。显然，遥科学实验方式已经最大限度地接近地面实验的自由度，整个空间实验就在实验者面前，由科学家主导去完成，是科学家最期待的方式。

遥科学实验技术从 20 世纪八九十年代提出概念后，现在已经发展成为一个研究领域，但是至今还难以做出一个真正完善的、达到理论设想的遥科学实验系统。原因主要有以下几方面。

1. 为了实现可视化的遥现场和遥监测，以及执行遥操作，空间实验系统趋于复杂化。声像、数据全程采集与传输、更加智能化的操作控制机构，以及实验环境条件的保障也需要更强大的平台支持能力。

2. 天地距离始终是阻碍遥科学实验实时性的瓶颈。因为无论是声、像、视频和指令数据传输的上行、下行，都有空间链路和电子设备处理过程的技术延迟。理论上讲，目前的科技水平，按载人空间站的轨道高度计算，遥科学链路的技术延时，单向可以做到 3 秒左右，双向可以做到 5 秒左右，但是再加上大系统管理延时，那么天地时间总延时，至少是数分钟，乃至数十分钟量级，这和科学家实施地面实验的反应速度差距太大。

所以真正的遥科学实验，只有面向实验对象和实验者建立直接"对话"的独立遥科学链路，才具有理想的可实现价值，这是未来空间科学实验技术发展的方向。

但是，通过遥科学实验技术研究，提出的某些概念和技术，在一些相关的科学实验领域内已经广泛应用。例如，在空间实验系统中增加影像采集等技术手段，将实验进程、科学数据、工程数据，通过平台的通信信道以实时或准实时方式传回地面，由科学家判读后，再给空间实验系统上传指令和数据注入，或上行装订程序进行系统重构；修改实验参数、实验进程控制，进行第二轮实验……科学家们把这种实验方式，称为准遥科学实验。中国神舟四号飞船上进行的热毛细对流液滴迁移实验采用的就是这种方式（图3-13）。

2016年9月发射的"天宫二号"是中国的第二个空间实验室。"天宫二号"上一项热毛细对流流体物理学实验首次采用了虚拟实验平台，运用交互式仿真、沉浸式显示、高级交互控制等多项技术，为地面科学家提供多感官、高沉浸的虚拟实验场景，多通道人机交互与信息反馈，使得科学家在地面就能感知、操作和控制空间科学实验。这应当是国内最先进的第一例天地交付式遥科学实验（图3-14）。

图3-14 同学们参观交互式遥操作平台
（中科院空间工程应用与技术中心发布）

一位美籍华裔科学家的故事

1985年4月29日，格林尼治时间16

图3-13 神舟四号微重力流体力学实验系统

图 3-15 王赣俊（左）和"挑战者"号航天飞机部分乘员

时 02 分，美国"挑战者"号航天飞机，在东部海岸肯尼迪航天发射中心，拖着一条长长的尾焰，升入太空。这架航天飞机的乘客是美籍华人、著名物理学家王赣骏和其他 6 名机组成员（图 3-15）。王赣俊，祖籍江苏省盐城建湖县沿河乡塘南村，1940 年出生于江西南昌，1950 年随父母去台湾，1963 年赴美国留学，1967 年加利福尼亚大学洛杉矶分校物理系毕业，次年获硕士学位后在该校研究院继续深造，攻读固态物理、流体力学和声学，1971 年获博士学位，1972 年任加利福尼亚理工学院喷气推动实验室主任兼加利福尼亚大学客座教授。1976 年美国国家航空航天局征求太空科学实验计划，王赣俊先生提出的"微重力下旋转中的液体平衡状态实验"

项目成为 500 多个应征实验方案中的 14 个入选者之一。

王博士为了这次空间实验，精心准备，用了 6 年时间，完成庞大而复杂的实验系统研制，按照实验要求装上航天飞机时，几乎占据了半个实验舱。1985 年，王赣俊终于等来了上天实验的机会，而且他还被选中作为实验科学家参加"挑战者"号航天飞机的乘员组。王赣俊信心满满地登上航天飞机，已经 45 岁的他，将亲自去圆他十年的空间实验梦想。从挑战者号入轨的第二天开始，按照地面指挥中心命令，王赣俊开始了各项科学实验的操作，他不负众望，向地面传回一个个喜讯，顺利完成了各项科学实验。

可是，意想不到的是，当最后开始实

图 3-16 美国航天飞行控制中心场景

施他自己的实验项目时，却出现了始料未及的情况：他按照规程一步步打开实验开关，当开到第 5 个电路时，电路却自动关闭，反复几次都没有成功开启，于是他请求地面控制中心（图 3-16），要求准许维修仪器，可是地面的回答却是"不能"，理由是"没有工具，机器太复杂，没有时间"，要求他放弃实验。面对这样的答复，王赣俊急了，他坚定地再三请求，并声明，"我绝不放弃！假如你们不给我修理的时间，我就不回去了！"这位倔强的黄皮肤华人的回答，吓坏了地面指挥中心的领导，于是请来心理专家准备对他进行心理疏导。然而心理专家没有去抚慰王赣俊，却对那些地面决策者进行了一番疏导："一个愿意为他的实验做出牺牲的科学家，还有什么可以进行心理疏导的，应该给他一个机会！"于是王赣俊终于获得了地面许可，他花了两天半时间，在悬浮的微重力环境中，修复了设备，然后一气呵成，顺利完成了他的实验，最终凯旋。

1985 年 7 月，王赣俊访华，受到我国政府领导人的接见，他把一面带上航天飞机的五星红旗赠送给我国领导人。当他讲述自己的空间实验时，深情地诉说："当我第一次无法开启实验时，真急了！开始有些发慌，身子发抖，我眼中有泪，但没有哭出声来。那台空间实验仪器是我 6 年的心血，价值 5000 多万美元，要是实验不成功，无颜再见江东父老……当地面控制中心要我放弃时，我默默地想，我绝对不能放弃。"当记者问他："人们传说，如果实验不成功你就不回来？"王赣俊先生诙谐地回答："当时地面控制中心可能不愿意看到我做出什么傻事……如果真的不让我修复，我还真会坚决不回来。男子汉大丈夫，一言既出，驷马难追！但是，我当时确实不知道怎么不回来，在太空自杀没有先例，也没有办法，在那里用刀子吧，刀子不锐；想触电，要去发电；用煤气，没有煤气；上吊的话，飘在那里，也死不了。祖上积德，我运气好，他们让我修了。"

有人照料的空间科学实验方式

王赣俊的故事是一个传奇性的故事，也是一个弘扬民族精神的故事，更是一个科学家精心敬业的故事。他的那次太空之旅，他的流体物理学实验研究，开创了一个全新的空间科学实验模式——有人照料的空间科学实验方式。

有人照料的空间科学实验的首要条件是有人参与。所以，它是只有载人航天飞行器才可能具备的空间实验方式。人的智慧是发挥实验手段最大潜能的重要因素，一项空间科学实验，有航天员直接观察实验进程、参与环境与实验条件的监视、控制，乃至实验设备的维护、实验对象的安装与更换等，无疑极大地提高了实验成功率和精准性。从 20 世纪 80 年代开始，在航天飞机、和平号空间站、国际空间站等各类载人航天器上，有人照料的空间实验成为普遍采用的方式（图 3-17）。

在空间做实验，毕竟没有地面那么简单！以王赣俊的实验为例：如果是没有人操作，或者说尽管有人操作，但因不是他的项目而无法维修，再或者是地面指挥中心基于安全考虑，坚决不允许他现场维修，那么他近十年的研究心血，可能就此白费。所以，有人照料的空间科学实验方式有严格的约束条件。

航天技术能力不可能允许来自各个不同领域的、不同实验目标的所有空间实验科学家上天，只能是挑选个别专业知识和体能条件相对适合的科学家担当重任，上天照管全部在轨实验任务。所以，由此衍生出一些空间科学实验新概念，即凡是参与有人照料的空间科学实验的项目，都需要遵循服从全局，为在轨实验科学家操作、控制、维修提供可能的设计原则。例如：

1. 实验系统必须具备简捷、清楚、舒适的人机交互接口，为航天员提供可视、可判断、可动（可操作）的物理界面。

2. 维护、更换的操作策略、工具、备件，以及实施环境等成为实验系统设计、研发任务之一。

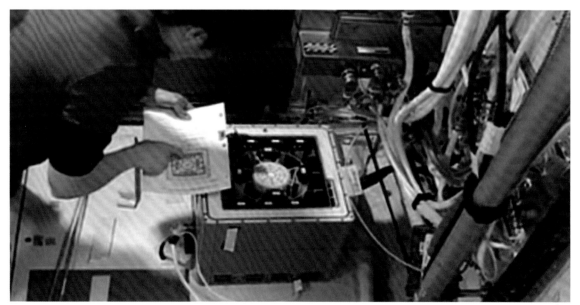

图 3-17 国际空间站由宇航员操作细胞培养实验

3. 科学实验的理论设计，应当有相对宽泛的自由度，让航天员有可思维、可操作的空间，而又不偏离预期科学目标。

4. 人工操作的失误是不允许的，但也是无法杜绝的。因此，实验系统应当具有一定程度的容错功能，最好具备人工与自动化的双重设计。

实施在轨有人照料的科学实验任务，还存在以下客观现实。

1. 基于极端的空间环境，过分依赖人的能力，是不现实的。在太空微重力环境下，人的思维反应与操作行为都相对于地面迟缓，同一项工作，航天员要付出远比地面更大的体能。

2. 空间站这样的大型载人平台，会安排多个学科的多项实验，会有多套实验系统，而航天员既不可能一一专业对口，也不可能是兼顾多学科的专业人才。对于非专业的航天员，在执行任务前要进行专业培训，但无法达到真正的专业水平。

针对上述现实，通常采取的措施是：

1. 限制每项实验有人照料的时间和次数，即"人时"和"人次"；经过充分论证，只把少量的、易操作的，必需要人参与才能实现的工作，列为有人照料内容，并严格按照流程排入航天员的飞行程序中。

2. 建立天地声、像通信链路，设置地面指导专家，实时为在轨人工操作提供指导。

空间科学实验研究，是人类拓展知识体系，促进文明发展的重要方式之一，载人航天技术越来越先进，空间站等一类大型航天器具有长期驻留航天员的优势，有人照料必将成为未来空间科学实验最主要的技术手段。中国载人航天工程从立项之初，就从平台技术和实验系统设计上考虑了实施有人照料空间科学实验的发展愿景：在神舟六号上，实施过航天员取回实验样品的试验；在神舟七号上，航天员翟志刚出舱取回了空间润滑材料外太空暴露实验的装置；2016 年，中国"天宫二号"顺利升空，它上面安装的一套空间材料实验系统，由航天员实施实验样品的更换操作（图 3-18），并将完成实验的样品带回地面。在未来的中国空间站上，将会有更多的、由航天员参与复杂操作的空间科学实验任务安排。

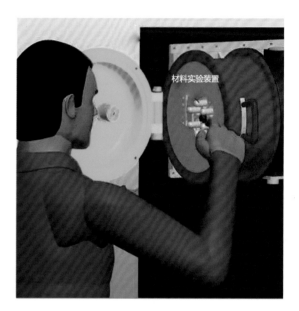

图 3-18 航天员操作更换空间材料实验件（形意图）

第 **4** 章

空间实验怎么做

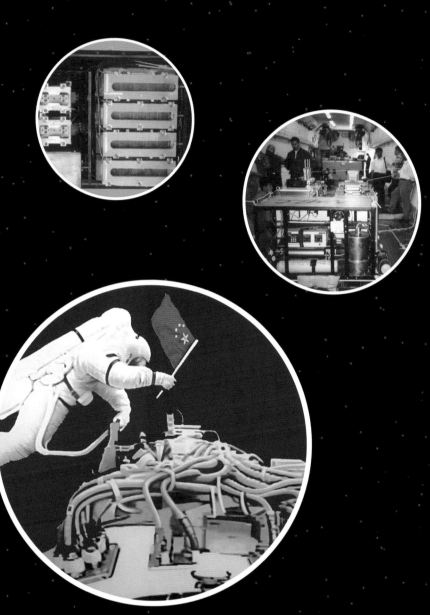

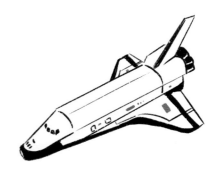

乌龟上天的尴尬

20世纪90年代初，中国启动载人航天工程，安排了一大批基础性空间科学实验研究任务，这是中国首次提出的，有目标、成系统、成规模的空间科学实验研究计划，为了保障计划实施取得突破性的研究成果，专门安排一些项目利用返回式卫星、高空气球、失重飞机，以及地面落塔、落井等各种技术平台，开展前期研究，积累实验技术和装置工程设计的经验。

1996年在中国返回式卫星上进行的"空间生物学效应"搭载实验就是其中之一：科学家们从近百项申请中筛选出小乌龟、果蝇、芦荟、蘑菇、大肠杆菌、水泡螺、小鼠细胞等涵盖动物、植物、微生物乃至细胞的19种生物体做实验样品（图4-1），专门按卫星允许的体积、质量设计了一个具有适合各种生物存活的温度控制密封箱子，箱子内部给每个实验样品配备了"单间"，然后送到空间去探索微重力环境对不同层次生物的影响。

其中，小乌龟成为这次实验的亮点之

图 4-1 搭载卫星的空间生命科学实验样品

图 4-2 卫星搭载的乌龟及装置示意图（图中乌龟是上天前拍摄的实物）

一，因为乌龟是个体生物，它的新陈代谢缓慢，可以几十天不吃不喝，照样活得自在，不需要提供饲料大大简化了实验装置。同样，也因为乌龟新陈代谢缓慢，经过上天飞行返回地面后，可以较好保持空间影响的生理状态，为科学分析提供依据。但是，实验者在装置设计时却犯了一个无法原谅的低级错误，他们用一个像小棺材样的有机玻璃盒子作为乌龟的"居室"，小乌龟只能静静地龟缩在里面（图4-2）。乌龟没有饲料可以，但是没有空气循环就很难存活了！所以返回地面后，小乌龟变成了一团腐尸，这是一次失败的实验。同时也给所有参与空间实验的科学家们一个教训：空间科学实验并不简单，要想实验取得成功，首先要有一套性能完善的实验装置。

所谓空间实验装置就是科学实验组成三要素中的实验手段，更直白地说就是承载实验对象、实现实验者意图的仪器设备，在航天系统中的行话叫"有效载荷"。"有效载荷"这个术语来源于应用试验卫星发展的初期阶段，在一颗卫星上要同时装载执行应用任务的仪器设备和卫星自身的能源、驱动、定位、控制、测量等若干仪器设备，为了相互区分，大家约定把用于执行任务的仪器设备称为"有效载荷"，而把卫星自身的其他仪器设备统称为"服务系统"。今天，一艘载人航天飞行器，可以安排多项领域不同、任务目标各异的有效载荷，为了彼此区分，通常又在其前加一个定语，如实验有效载荷、应用有效载荷、飞船有效载荷、空间站有效载荷、航天员系统有效载荷等。当科学家获得一次空间实验的机会后，首先需要根据科学实验目标选择实验对象，在征询工程师的意见基础上确定实验方式，最后还要寻求一个最佳的工程团队，协助完成执行空间实验的实验装置设计与研制。

实验装置的重要性是显而易见的，有时人们把××科学实验任务直接称为××实验系统，似乎实验装置替代了这项任务的全部，虽然表达不全面，但在航天大工程中，却很有现实性。因为，一项科学实验的实验装置设计、研制与实验者、实验对象紧密相关，其经费投入几乎要占据整个科学实验项目经费的70%~80%，乃至更多。在实验装置研制过程中，实验者的所有地面研究工作都将围绕研制一套最优性能的实验系统服务；上天后实验能否取得成功，实验装置能否正常运行是唯一判据，只要实验装置运行正常，完全实现了实验者的意图，就是成功！即使实验的科学结论并不是实验者预期的，从科学意义上讲，也是一种新的认知。

但是，小乌龟上天却是完全失败的，因为它既没有达到科学家的预期目的，也没有任何意外的新发现。而造成失败的原因，纯粹是科学家没有认识到装置的重要性，没有配备小乌龟存活的必要条件，忽视了任何生物都需要有呼吸代谢这一基本常识，误认为天上和地面一样，空气随处都有！在地面准备阶段没有严格按照天上的环境条件进行预先验证研究。

"快"与"慢"的争论

另外还有一个故事，和"小乌龟实验"

正好形成正反相对的范例：中国神舟二号、三号飞船上都实施过一项当代前沿高科技领域的"空间蛋白质结晶实验"（分子结构生物学将在本书第五章讲述），所取得的成果达到当时世界上相关实验研究的最好水平，引起国内外科学家的广泛关注。可是当初进行实验装置设计时，却颇为坎坷。因为实验者从国外资料获悉，充分利用航天器上的微重力条件给蛋白质结晶过程创造一个无力学干扰的环境，才能保障长出品质优良的蛋白晶体。于是，主持这个项目的科学家给实验装置设计者提出了一个非常苛刻的要求：装载高浓度生物蛋白质的小室和装载结晶缓冲剂的小室之间为直径仅仅1毫米的通道，必须在航天器入轨后，由电机驱动24分钟，非常非常缓慢地联通（图4-3）。理由是：这是国际上通用的做法！不能让电机转动产生的振动干扰扩散作用，影响长出的蛋白质晶体的质量。

显然，这一要求是当时任何一个工程师都无法做到的，因为再好的电机在转动时都会有振动，哪怕是极微小的振动都会干扰结

图4-3 空间蛋白质结晶装置的结晶室

结晶条（室）

结晶条（室）

结晶条（室）

结晶条（室）

通道开启电机

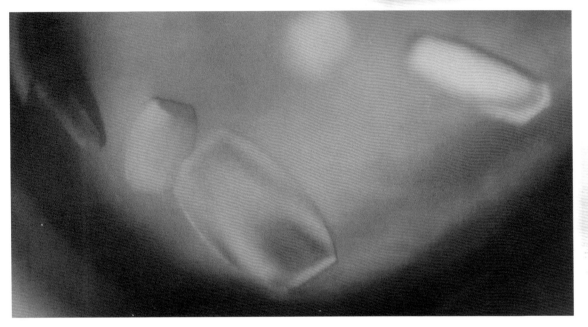

图 4-4 神舟三号飞船空间实验获取的优质蛋白质晶体

晶过程。科学家和工程师经过长达数月的交流都无法形成统一的方案，在最后一次会议上，不是专家的会议组织者突然问道："蛋白质在通道开启过程的瞬间就会结晶吗？"

项目首席科学家回答："当然不会，结晶过程是很慢很慢的！"

"既然是很慢很慢，那么用 1 秒、2 秒，乃至更快的速度打开通道，又有什么影响呢？"发问者进一步解释道，"我们换一个思维，当通道更快地完全打开后，结晶过程还没开始！当它开始结晶时，电机已经停止了，岂不什么干扰都没有了吗！"

于是，持久的争论得到了解决，那套实验系统上天后运行正常，取得了科学家预期的成果（图 4-4）。而这种"快速开启"方法，按那位首席科学家的说法，是突破国外传统设计的重大创新。这个评价是否准确，无须考证，但它说明，任何一项科学实验都必须要有开放的思维。科学家和工程师要相互越界熟悉对方的知识领域，取长补短，

充分分析任务目标，确定实验方式和实验手段，有针对性地提出实验装置设计要求，为空间实验量体裁衣，研制一套性能优越的实验装置。

要命的航天器火灾

航天是一项高风险的事业。我们通过新闻媒体，听到过不少相关航天灾难性事件的报道，美国"挑战者"号和"哥伦比亚"号航天飞机两次事故，造成 14 名航天员遇难，几乎是世人皆知的重大新闻。但是，关于航天器发生火灾造成的灾难事故，也许知道的人并不多。

20 世纪 60 年代，美国和苏联的太空竞赛如火如荼。当时美国总统肯尼迪提出"载人登月和安全返回"的战略目标，从 1961 年提出阿波罗登月计划到 1967 年整整 7 年时间，美国国家航空航天局（NASA）旗下的工程师们夜以继日地忙碌着，剩下的时间已经不多，载人登月还只是梦想。

1967 年 1 月 27 日，对于美国人来说正是新年伊始，圣诞节的余热还未退去，作为登月候选者的维吉尔·格里森、爱德华·怀特和罗杰·查菲三名航天员早早就进入矗立在肯尼迪航天中心 34 号发射台上的阿波罗 1 号密封指令舱，躺卧在他们各自的座椅上（图 4-5），按照监控指挥中心的命令演习他们将在太空中进行的操作项目……下午 6 时 31 分，监控指挥中心突然从对讲机中听到航天员查菲发出的呼叫："驾驶舱内发生火警！"仅仅几秒钟后，通话就在凄惨痛苦的叫声中结束……

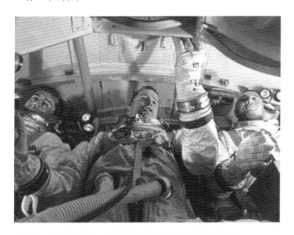

图 4-5 阿波罗 1 号指令舱航天员在演练操作

当人们赶到现场，打开指令舱后，眼前的场景让所有人都"傻"了！三位人类精英已经成为凝固的雕塑，宇航服和维持生命的输气管道都被大火烧熔，甚至两名航天员的宇航服都被熔合在一起了，从死者的姿态上看，他们都曾有过企图逃生的欲望，但是当他们发出"火警"的第一个音符后，仅仅 17 秒就全部死亡，他们一切求生的企图都无法实施，17 秒！那只是转眼的瞬间呀！

事后，根据官方发布的现场（图 4-6）调查报告认为：引起火灾的直接原因是电线打火，但是造成如此惨烈后果的根本原因，则是密封舱设计上的错误。负责阿波罗 1 号

图 4-6 阿波罗 1 号指令舱火灾后的现场场景

密封指令舱研制的"北美航空公司"原设计方案是：密封舱内使用氮、氧混合的普通空气；舱门向外开启，并在紧急情况下采用自动"爆炸螺栓"开启舱盖。但是，这一方案遭到当局的否定，而错误地采用了向内紧锁的舱门开启和纯氧气体密封设计。氧是一种极端易燃、易爆的气体，而且舱内大量的电线和结构件都是金属铝材，铝在高浓度的氧环境中，就像是干燥的木材一样容易燃烧，一旦舱内有丁点火星，瞬间就会吞噬一切。

其实，类似这样的航天事故，苏联在 1961 年就发生过，当时也有一名航天员殉职，可是由于双方的技术封锁，让美国再次送掉三个鲜活的生命。阿波罗 1 号密封指令舱火灾事件的教训是多方面的。

1. 从工程技术角度上讲：航天器上严格禁止使用易燃、易爆的材料和容易引发火灾的设计。对于强电、高温、高热或有明火的任务项目，要求它的技术系统有独立的、完全封闭与隔离的措施，以保障航天器的绝对安全。所以后来各国的载人航天器密封舱都不再采用纯氧密封，而改为氮氧混合的普通气体密封方式，并对航天器内结构和仪器制造设计提出了严格的材料选用控制。

2. 从组织层面上讲，要尊重知识，多做调查研究，少些空想，一旦发生技术故障

要科学、正确定位原因,积累实践经验。有时,一个错误的技术结论,也许要花更大的代价去纠正。美国当年否定制造商外开舱门设计的理由是,在 1961 年 7 月 21 日 "水星号" 飞船返回舱 "自由钟 7 号" 降落在大西洋上时,其外开舱门突然自动爆开,导致海水灌入而迅速沉入海底。美国对于该事故原因,没有形成正确的科学结论,进而错误地指导了阿波罗密封舱设计。

3. 从美国和苏联的太空竞赛中吸取教训,人类航天事业应当服务于地球全人类。科学无国界,应注重国内外的学术交流,不要让一些本来可以避免的事故,因为人们的闭关自锁或闭门造车而重复发生。

这些教训,警示航天人:"人命关天!安全、可靠是任何工程技术系统设计最优先的考虑原则。" 对于空间科学实验任务同样如此,特别是空间材料科学实验、流体物理学中的燃烧实验等,往往会有强电、高温、高热,乃至明火,如果不采取隔离措施,就等于是在太空中 "放火烧山",那里不可能有救火车、消防队,一旦发生火灾,就是一场孤立无援的宇宙灾难,绝不亚于阿波罗 1 号密封指令舱事故。

中国载人航天工程在神舟一号、二号和天宫二号上都有一套用于材料科学实验研究的装置(图 4-7),它在实验过程中,为了把最大直径达 10 厘米的金属棒加热到熔点,需要的温度在 1000℃以上,该装置经过多层隔热和真空隔离,其实验系统外部表面温度不会超过 40℃;其中像砷化镓一类材料在熔融过程中也会释放出有毒的砷气体,实验系统通过严格的真空密封,保证它绝对不会外泄。由于有了绝对安全、可靠的实验装置设计,使得中国在该研究领域取得了跨越式发展,若干科学成果进入世界先进行列。

图 4-7 中国神舟飞船空间材料科学实验装置

被忽视的实验条件

科学实验拿到空间去做，目的就是要利用空间特殊自然环境作为实验条件，研究特殊自然环境对研究对象的影响作用。但是如果实验系统设计不合理，实验装置性能不完善，复杂的空间环境往往反而会成为破坏、干扰实验进程的捣乱分子。

1999 年，为了研制飞船应用的实验有效载荷，开展了预先研究——在俄罗斯的失重飞机上进行空间生物技术和流体物理学、材料科学以及航天医学等方面的多项实验。其中有一项是"微重力对液体表面张力的影响研究"，实验者为了这次实验，专门设计了一套庞大的实验系统，配置了装有实验液体的密封容器、加热实验液体的温控系统、记录液面变化的摄像机……系统组装完成后，实验者在自己的实验室反复演练，非常满意。

当它随同中国实验队到达莫斯科加加林中心，放进伊尔 76 飞机，俄罗斯科学家们认真地听完介绍后，个个惊叹地伸出大拇指，连声直呼："哈那索（好）！"（图 4-8）

可是，当飞机直冲云霄，完成第一次飞行返航归来，实验者取出视频回放时，顿时惊呆了，因为看到的是满画面液体翻滚，好似海面上的波涛，压根儿看不到其想象的物理过程。这是为什么？原来实验者只知道要利用失重飞机的微重力环境，却不知道这个微重力环境产生的过程是依靠飞机连续不断地抛物线飞行来获得的。既然是抛物线飞行，那么飞机上就不可能完全是失重状态，在飞机的俯冲、爬升和滑翔飞行过程中，只有中间第二阶段处于失重状态，其他时间处于超重、变重状态，而且保持失重的微重力状态也只有 25~30 秒（图 4-9），这种超重—失重的连续变化过程是微重力飞机实验

图 4-8 实验系统装在失重飞机舱内现场

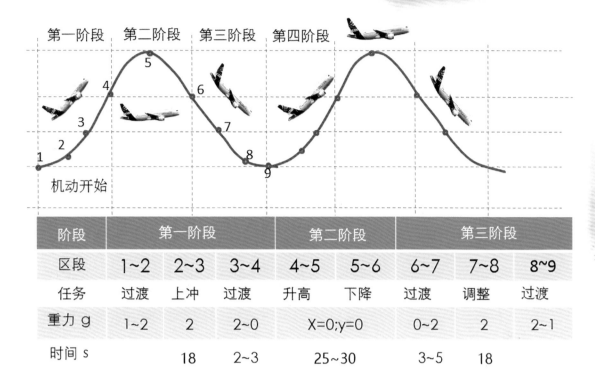

图 4-9 失重飞机飞行轨迹及重力变化图

阶段	第一阶段			第二阶段		第三阶段		
区段	1~2	2~3	3~4	4~5	5~6	6~7	7~8	8~9
任务	过渡	上冲	过渡	升高	下降	过渡	调整	过渡
重力 g	1~2	2	2~0	X=0;y=0		0~2	2	2~1
时间 s			18	2~3	25~30	3~5	18	

最基本的条件。可是，实验者的实验系统设计却恰好忽视了这一基本实验条件，没有辨别环境状态变化的功能，按照无人管理程序控制方式设计，在飞行过程中也无法人工干预，而且短暂的超重、失重时间也来不及控制，实验盒里的液体伴随重力状态变化，还来不及恢复上一个状态，就被下一个状态覆盖了，所以看到的必然是不停翻滚的"浪涛"。这一失败教训，让科学家明白了空间实验如何抑制不需要的环境因素干扰的重要性。即使是在卫星、空间站这类能够长期维持微重力状态的实验环境，也必须周到考虑，是否会有其他异常环境状态的干扰，以及如何排除这些干扰，以保障实验的圆满成功。

因为航天器上的微重力现象是航天器绕地球飞行的离心加速度和地球引力加速度相互抵消的结果，因此在航天器上不同位置的微重力水平不会是完全一样的。一般来讲，质心位置的微重力水平应当是最好的，距离质心越远，微重力水平会越差。另外，航天器从地面由火箭发射送上天，以及飞船从天上返回来，都会有相当剧烈的超重、变重过程。所以实验者为了保障自己的实验是准确地利用空间某一特殊环境来作为实验条件的，就必须全面考虑航天活动的全过程中，实验系统的适应能力和技术状态。实验设计应当考虑在航天器中实验系统的最优安装位置；在航天发射与回收过程中，实验系统能够经受住超重、变重过程的力学环境；在那些非实验时间段内，采取措施保障实验样品的技术状态不受破坏，实验进程只能在进入太空后，达到实验要求的环境下再启动。例如，像材料科学等一类对微重力因素敏感的实验，要求有效载荷尽可能安装在平台微重力水平最好、最稳定的位置上；像辐射生物学一类对辐射敏感的实验有效载荷应安装在飞行器最易受到辐射的位置，或者配置专门的辐射剂量检测装置；具有生命特征的实验有效载荷，为了保持实验对象的鲜活性，要求尽可能滞后到发射前最短的时间内加装；有科学实验装置回收要求的有效载荷，应安装在易于装卸的位置等。

应用于不同实验目标的有效载荷，有着许许多多千差万别的个性特点。重视实验有效载荷的个性特点，熟悉航天器系统、火箭运载系统，乃至发射、回收和测控系统的技术要求，进行充分的分析、论证，进而设计出最先进的实验手段，是科学家、工程师相互合作，共同完成一项有重大科学意义实验的首要任务。

带"空调"的实验箱

空间科学实验涉及领域宽，实验研究对象的物理、化学和生物特性复杂，为了保障航天安全，取得实验的成功，不单纯是火灾隐患需要严格控制，其他相关的化学污染、生物污染等也需要严格控制。大多数生命科学与生物技术实验、航天医学实验、流体物理学实验都会伴随着实验过程产生一些废弃物质，包括活体生物的新陈代谢或生物反应产生的体味、排泄物、饲料残渣，容易飘浮出来的微生物或菌类实验样品的孢子，以及实验系统正常排放或异常泄漏的有毒、有害废气或废液等。这些被统称为实验过程的次生产物，都可能对航天器实验舱的环境造成污染，严重时会伤害到航天员的健康，造成舱内的仪器、设备和环境生态保障系统等不能正常工作。因此，无论是在应用卫星，还是载人飞船、空间站上做科学实验，通常都要求实验系统相对独立，与航天器舱内大环境严格隔离。

2011年11月，中国神舟八号飞船成功发射，飞船上由中国和德国科学家联合开展的空间生命科学实验研究取得圆满成功，在新闻媒体上频频曝光后，引起了广大民众对空间科学实验的关注。但是，其幕后许多跌宕起伏的故事，并不为人所知。当初在进行中国载人航天第二步实施方案论证时，中国科学家提出了一大批包括流体物理学、燃烧科学、生命科学、材料科学的实验研究项目，都因为要保障航天器的绝对安全、重点突破空间交会对接技术，而被一一否定，如何体现"要开展一定规模的科学实验研究应用"成为决策者们的难题。机缘巧合的是，德国宇航局在一次访华中，主动提出了要和中方开展航天合作的意向，并建议在神舟八号飞船上，利用德方已有的"空间生物培养箱"实验装置（图4–10），开展一批空间生物学实验。德方主动、积极地介绍了自己设备的功能，在一套装置里可以同时独立开展包括动物、植物、微生物、水生生物等不同物种、不同层次的科学实验，该装置曾在俄罗斯卫星和国际空间站上使用过，安全性和可靠性有绝对保障。

德方生动而确凿有据的介绍，让中方决策层和科学家们非常感兴趣，如果这项国际合作能够实施，无疑是扩大中国载人航天在世界上影响力的好机会，而且可以开拓中国科学家的眼界，了解西方先进技术，提升自身能力，所以任务很快就得到了批准。中德双方科学家都为有这次合作而兴奋、激动，很快就从各自提出的若干建议中筛选出17个项目，包括中德科学家合作研究项目1项、中方项目10项，德方项目6项。

科学家们在准备空间实验的同时，双方的工程技术人员按照神舟飞船的技术要求，进行了实验装置的结构、热控和电子系统接口改造，并通过地面联合演练试验验证，一切工作在和谐、友好的气氛中顺利推进，各

图 4-10 神舟八号上德国研制的空间生物培养箱外形

个项目按照自身实验对象和实验目的，以及生命保障要求完成了培养小室的设计、制造和地面验证试验。德方这套实验装置确实有值得学习的先进技术，例如它的标准化培养小室，可以根据不同实验对象的需求，进行个性化设计（图 4-11）；17 个实验项目集成在一个实验系统内，还能保证相互独立，互不干扰；整个实验箱虽然是密封的，但它具有主动换气功能，就像是安装了一个微型空调，能保障箱体内部始终有比较新鲜的空气提供给具有生命活性的实验对象……回想当年中国科学家送上太空的小乌龟，如果是在这套装置里，肯定就不会魂断太空了！然而，这个本来是先进设计的"空调"却意外地带来了麻烦，差点儿让它上不了天。因为航天器设计者提出："飞船密封舱内不允许实验系统废气排放，要排放必须排放到舱外。"给飞船密封舱开个"洞"显然通不

过！不让排放，实验箱的"空调"就失去意义，内部的若干生物实验对象就可能面临当年小乌龟的命运。德方工程师们听到这一消息顿时十分无奈。于是，中方负责航天应用的组织者，不厌其烦地和飞船系统负责人进行协调沟通，最后达成协议："如果实验箱排放的气体不含有害成分，允许向舱内有限排放。"而什么是有害成分？什么是有限排放？只有拿出实验数据来说明。于是飞船工程师和航天员系统地开出了一个长长的清单，列出几乎能够想到的有毒、无毒全部气体名称及允许的含量大小。参与培养箱科学实验的科学家和工程师们，把实验箱按照天上实验状态装上实验样品，按照从发射到返回回收的全部时间，进行地面模拟实验，24 小时不离人地全程监控，收集每一次排放的气体样本，送到国内最权威的研究机构进行分类检测，一次试验不行，还要重复验证，

图 4-11 集成到培养箱中的部分生物实验小室

经过长达一个月的实验，最终拿到了一个合格的结果。看到设备"起死回生"，德国工程师们用热情的拥抱表达他们对中方科技人员的感激，并感慨地说："我们终于明白了中国载人航天为什么能够取得百分之百的圆满成功！向你们表示由衷的敬佩，你们严谨的科学作风是我们的学习榜样！"

德国人的赞许，帮我们总结了中国航天人严谨细致、唯实求真的工作作风。事实上，在中国数十年的航天工程中，每一个参与者都认真地从成功中总结经验，从失败中吸取教训，力求把每一件事都做好，把所有问题都在地面解决，从而积累了丰富经验。现在，中国科学家和工程师们能够针对不同实验要求、不同实验平台，研制出让航天器平台系统放心的、各式各样的实验系统，包括以下几个方面：

1. 按隔离方式：与平台环境完全隔离，设备内部为真空状态，与其他技术系统的物理连接均采用真空密封接插件的真空密封型实验系统；设备内部有满足实验条件的封闭气压，不和外部构成自然循环的气密型实验系统；设备只保持液体不外泄的液密型实验系统；设备和外部环境保持一致的开放型实验系统等。

2. 不同应用功能的：只能实施一项或一组科学实验的专用型实验系统；可以实施在相同学科内的多项任务的通用型实验系统；通过修改、更换少数部件或实验单元，可以重复或扩展使用的可扩展型实验系统。

3. 回收与不回收的：根据科学家的实验需求，既能研制保障安全回收，快速装卸与运输的实验设备；也能研制通过在轨观测、获取实验影像、数据等先进手段的实验设备。

4. 通用配套的辅助设备：除装载实验对象，承担实验主要功能的核心设备外，还研发出一批可以通用、选择配套的供电、影像和数据采集、处理传输等辅助设备。

随着高科技水平的飞跃发展，以及航天应用技术的提高，新的实验有效载荷设计理念不断更新，技术在更新、融合，像德方在神舟八号使用的培养箱一类可重复使用的再用型实验有效载荷、为长期空间实验设计的长寿型有效载荷、以高度集成设计的、集合有人照料优势而研发的专用或通用型标准实验柜有效载荷等都将在中国未来的空间站上使用。中国的空间科学与实验研究，无论是质和量都在跨越式的高速发展中。

借给一双"慧眼"

空间实验还有一个与科学家在地面实验室中做实验的不同点——实验者不能直接观察到实验进程。即使是现在最先进的有人参与空间实验，也难做到让每一个实验者亲临现场。如何让处于地面的实验者能够看到天上实验进程的真实景象？最好的办法就是给实验系统一双"慧眼"，把复杂的实验过程"看得清清楚楚、明明白白、真真切切"，也就是配置必要的影、视摄录和数据检测设备，通过它为实验者提供天上实验情况的真实进程和可能发生的科学现象。

将照相机或录像机搬到天上去，对于中国科学家来说，在 20 世纪八九十年代还是前沿先进技术，因为那时微小型数码摄录像机还不普及，大部分还是胶片相机或磁带摄像机，而且科学家能够在市场上找到的都是民用产品，用于航天的尖端产品，被美日等国家禁运、封锁。

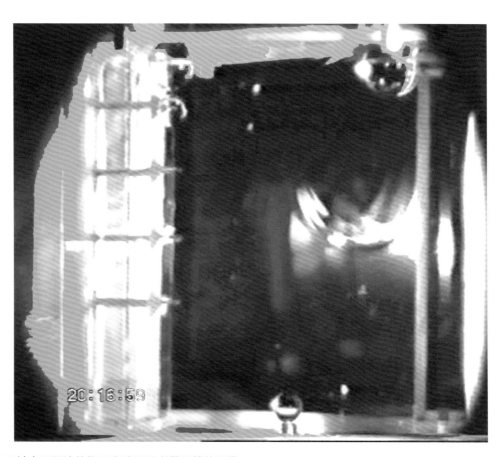

图 4-12 神舟四号流体物理实验记录磁带回放的影像

一套用于神舟四号的"通用流体物理学实验系统"从 1994 年开始启动研制，为了观测记录一种液体（称为子液）在另一种液体中（称为母液）因为温度差引起的液滴迁移现象，中国科学家从市场上购买了一台日本生产的便携式小型摄像机，采用泡沫塑料减震加固后充当记录仪，在飞船返回时回收记录磁带，供科学家分析研究（图 4-12）。在今天看来，这个设计显得非常笨拙、落后，但是在那个年代却是不得已而为之的先进设计，同样的技术也曾经在 1996 年的尖兵卫星搭载试验中，用于记录空间材料晶体生长实时观察的图像；1997 年记录中德合作高空气球上用于燃烧实验的图像；1999 年记录俄罗斯失重飞机上的多相流实验、生物大分子电泳分离实验、液面运动测量实验的图像，都取得了非常满意的结果。

到 21 世纪初，先进的数码摄像技术已经风靡全球，人们平常使用的智能手机的摄像功能都远远超过 20 世纪八九十年代的专用摄像机。检测与监测设计成为先进空间科学实验系统的重要组成部分之一。所以，微型摄像部件被空间实验系统设计广泛采用，而且中国空间科学实验专家们还设计出了若

图 4-13 自主研发的各类空间实验监视部件

干具有自主知识产权的，用于不同应用场所的微小型可见光、红外、多光谱、激光等影视摄录部件和气体检测、显微分析等传感器（图 4-13），可以在各类实验系统设计中，选择配置。

先进空间科学实验系统的设计理念，是以功能划分进行组合化、模块化、集成化的分级设计。以一个通用的空间科学实验系统的基本组成为例（图 4-14），围绕实验对象，应当具备监视、控制、能源保障、环境保障，以及人工干预界面等基本组成部分，每一个单元的功能和性能要根据所做实验的具体要求来选择配置，最终进行系统集成。

1. 实验对象单元：是实验有效载荷最核心的物理部件，也是最具个性的构件。基于不同学科所采用的不同实验对象的特征物质（生物样品、材料试件，反映实验对象的工质等）来专门设计它的容积和需要添加的辅助材料，以及最适宜的机、电、热结构。例如，生命科学及生物技术实验的培养皿（器）、反应室、结晶室；材料科学实验的安瓿；流体物理实验的液池、燃烧室；低温冷原子物理学实验的冷原子腔等。

2. 实验环境保障单元：为实验对象提供所需环境条件。例如，维持实验对象生命特征的生命生态系统；隔离、维持实验对象的温度、气体成分、压力或特殊充填和洁净度，以及隔离外界力学干扰、电磁辐射干扰等物理设施。

3. 实验条件控制单元：以指令或程序等方式，去调整观察实验对象的技术条件的操作控制设施。例如，生命科学与生物技术实验中，控制光照强度和时间、营养及水分的供给；金属/合金材料的熔融结晶实验中的加温温度设定与控制、安瓿的抽送；热毛细运动液滴迁移实验中，液滴的注入、温场控制等。

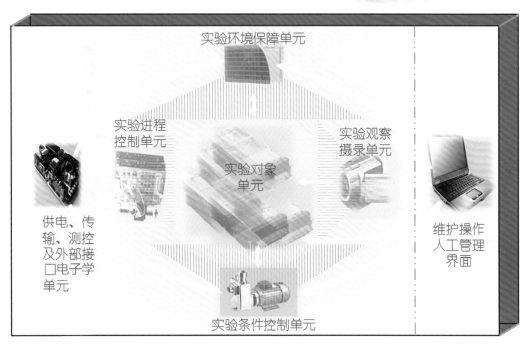

图 4-14 空间科学实验系统的基本组成示意图

4.实验进程管理：按实验者设计的需求，实施实验进程的全程管理。例如，实验的启动、结束；实验装置运行状态的工程参数检测；实验工位的转换；实验对象的移动；实验异常的判断；实验故障的排除；等等。

5.实验观察摄录单元：以实验对象为目标，通过摄录像、数据采集等手段，收集实验对象的物理、化学、生命现象等科学信息的影像。例如，生命科学实验中观察植物、动物、微生物、细胞等实验对象的状态、生长发育过程的摄录像的光谱采集、显微观察和相关数据采集等装置；流体物理实验中的温场检测干涉仪、流场运动规律检测摄像仪；材料实验中可能应用到的 X 射线衍射仪；燃烧实验中火焰形态、温场分布、燃烧过程的摄录像和数据采集等设施。有时在一套实验系统中，在不同位置嵌入功能不同的多个摄录像部件（图 4-15），分别用于不同观察目标，为实验者提供更全面的实验进程

和实验现象的影像资料。例如，为中国空间站应用的燃烧实验系统使用了 5 个摄像部件、微重力流体实验系统使用了 3 台摄录像设备；1999 年中德合作高空气球合作任务中，德国科学家的生物实验系统用了 6 台便携式摄像机。

6.供电、传输、测控及外部接口电子学单元：为实验系统提供能源、测控指令和数据注入，实验系统输入、输出的信息处理，以及气液供应控制等与外部其他系统的接口管理的实验系统电子学部件。

7.维护操作人工管理界面：是在采用遥科学实验方式或载人航天器上进行有人照料的实验方式中，才具有的实验有效载荷组成部件。其设计应满足大系统设计的相关要求。例如，应具备相对独立的，简捷、清楚、舒适的人机交互接口，为航天员提供可视、可动、可判断的物理界面和维护、更换的操作策略、工具和备件等；如果系统是遥科学实验方式，还应具备与天地链路的声

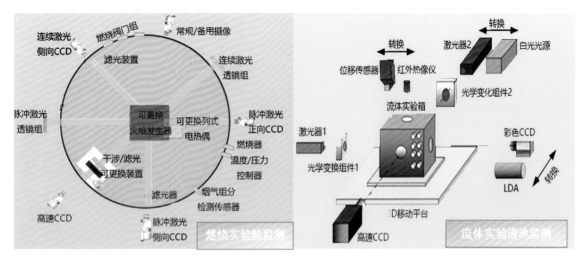

图 4-15 空间实验使用摄录像监测的示例方案框图

像、视频传输独立的上、下行接口，实验指令和相关策略的处理与执行机构等。

昂贵的"船票"

美国人丹尼斯·蒂托，1940 年出生在美国。1957 年苏联人造卫星上天，当时还只有 17 岁的蒂托，就励志将来要成为一名宇航员。梦想驱动蒂托进入纽约大学、伦斯勒工业学院学习航天学、工程科学，并获得学士、硕士和名誉博士学位，成为美国国家航空航天局喷气推进实验室的科学家。他当宇航员的愿望一直未能实现，却成为加利福尼亚维尔夏投资公司的创始人，美国的亿万富豪。在他已近花甲之年的时候，为了圆梦，花 2000 万美元，在 2001 年 4 月 28 日搭乘俄罗斯的联盟号飞船奔赴国际空间站，成为人类历史上首位太空游客（图 4-16），7 天"观星星、看地球"的太空旅游让蒂托充分感受到飞天的乐趣，感叹"不虚此生"。

2000 万美元在当时大约是 1.6 亿元人民币，如此高昂的太空"船票"，世界上有几人能够享受？多年过去了，继蒂托之后只有 7 个世界级大富豪实现了太空旅游之梦。

"太空船票"为什么如此昂贵？我们不

图 4-16 丹尼斯·蒂托在国际空间站

妨做些简单的计算：中国神舟号飞船上天的运载工具是专门研制的"长征 2F"火箭，它的起飞重量是 479.8 吨，其中加注的燃料 437.344 吨，然而送入环地球轨道的飞船总重量只有 7.6 吨，返回地面的返回舱大约是 3.2 吨。这一串数据说明，从地球上往太空送 1 千克重的物质，需要花费大约 57.5 倍的燃料，起飞重量和入轨重量之比约为 63 倍，最后返回的重量只是起飞重量的 1/150。如果是专门为你的太空旅行发送一趟"班车"，一艘神舟飞船乘员 3 人，每人重量按平均 50 千克计算，那么人的重量大约只是发射时总重量的 1 / 1600。因为，其余的一切，包括燃料、火箭箭体、飞船控制舱和返回舱都是一次性使用而被消耗掉了，显然这趟"班车"的船票，恐怕就是蒂托那样的大亨也消受不起！况且，上述的计算还不包括飞船发射、运行控制以及航天支持系统等的设备运行和人员劳务费用。

先进的空间科学实验系统

蒂托的故事，只是为了说明航天事业是高风险、高投入、高回报的"三高"产业。所谓高回报，是指我们在空间能够获得的，你在地面上是绝对得不到的东西。空间科学实验同样如此，科学家要到空间去做实验，即使本人不去空间，实验系统也必须要送到空间去，而这张船票同样是昂贵的，绝不比蒂托的私人太空旅游便宜。因为，必须得在上天前做实验系统设计、研制、试验等一系列准备，这笔花销也非常可观。所以"高风险和高投入"的航天工程要求空间实验，必须要精益求精地确保"高回报"的产出，于是先进的空间科学实验系统设计，成为航天应用的核心之一：

1. 需不需要到天上去做，是首先考虑的问题。一般地讲，地面能够有办法模拟验证的科学问题，就不要上天，上天就一定是要利用地面无法模拟，只有空间才能获取的特殊实验条件。

2. 到天上去做实验不能够随随便便，不能够把地面实验系统照搬到天上去。随着航天、载人航天技术的发展，空间科学实验的领域日趋广泛，传统的专门设计、建造一套实验系统，昂贵的成本使得科学家们望而却步。因此，面对个性特异的多领域、多学科的多类型实验，兼顾平台提供的有限空间和资源条件，并满足每项科学实验的特殊要求，能够开展更多的实验，采用先进的集成化、模块组合化、综合通用化的创新设计理念成为主流。无论是早期的和平号空间站，还是现在的国际空间站、未来的中国空间站都是采用标准化组合实验柜的设计模式（图4-17）。目的是降低空间实验系统的研制成本和提高使用效率，为科学家提供更多的，为发展人类科学认知的空间实验机会。

集成化、组合化是指对执行多项实验任

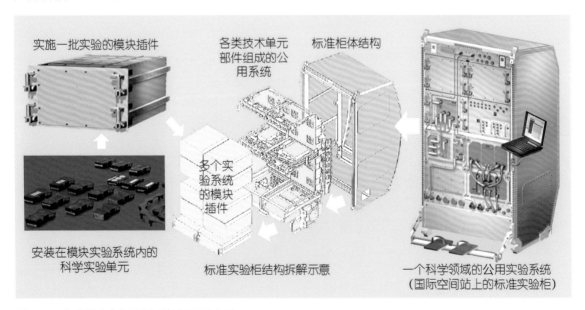

图 4-17 集成组合空间实验系统设计示意图

务的各个实验系统，从宏观角度，结合工程技术经验、平台可能提供的资源和各项实验任务要求，综合分析，自上至下，从共性到个性，统一按系统级、模块级和单元级进行物理分割，分级研制。

实验系统的供电和信息处理电子产品、气液供应设施，以及摄录像、数据采集设备、减震隔离措施、实验系统大环境的温控等，都可能是一个学科领域实验任务的共同要求，具体实验项目只是在具体实施流程、参数选择等方面有所差异，把这类实验技术作为共用的系统级有效载荷产品，进行统一设计，就不需要每一项实验都去重复研制，大大降低了实验系统的成本和在平台上的重复配置。生命科学实验中的生命生态保障系统、材料科学实验中的加热炉、燃烧实验的燃烧室，以及科学实验的诊断检测设施、数据采集与存储处理设备等，都是一类在系统级设施支持下，可以被某一个批次，或某单一学科中的多项实验中所共用的有效载荷，可以按模块级产品进行研制、开发。还有一类只针对一项具体实验对象的硬件设备，如生物学实验的培养小室、材料实验的安瓿等则是必须一对一专门设计的单元产品。

3. 上天的实验有效载荷产品要力求标准化、通用化，减少产品种类，降低研制成本。许多科学实验都会使用摄录像部件，显微观察、光谱观测、荧光检测、光照部件，泵、阀等注/输液部件，以及各类电子产品部件等。这些部件和元器件在同一个平台上的实验系统设计力求统一选择相同型号的产品，既可以避免重复配置，提高共用效率和设备的可靠性，又能够为系统扩展，兼容更多科学实验需求提供基础。

4. 上天产品力求轻量化和灵活性。通常航天产品对其体积、重量要求都非常严格，尺寸误差按毫米计，重量误差按克计。因为

卫星、飞船，乃至空间站，其内部的空间资源都是有限的，"寸土寸金"不足以形容，而是"寸土尺金"；重量的限制，前面已经讲过，无须重复，美国的商业搭载是1千克2万美元，中国航天搭载，最低也是1千克5万元人民币。另外设备轻便、灵活还有利于搬运、安装、维护、更换、操作等空间操作。

5. 前沿、创新的新技术与航天的安全可靠性。在中国航天领域中，多年来有一条不成文的规定——"只用最成熟的技术，不用最先进的技术"。这句话的意思，不是说航天技术不先进，而是说要绝对保障航天的安全可靠性。所以，凡是在空间应用的新技术都必须是经过严格考核验证的成熟技术。空间科学实验任务本身，就是探索、求知的前沿性研究领域，鼓励前瞻性、前沿性的思维，鼓励采用新技术，引领先进科技发展。但采用新技术时不能盲目，要保证空间实验的成功，就要求科学家和工程师以严谨的科学学风，把机理吃透，在地面通过物理或半物理仿真，进行实践验证，确保上天万无一失。

空间科学实验是结合基础科学研究和航天工程技术于一体的前沿高科技。为探索发现新的自然规律，丰富知识体系，推进人类文明进步，科学家和工程师通力合作，完成一项成功的空间科学实验，那张高昂的"船票"也是值得的。

高科技"神器"伴随卫星

在21世纪的第一个十年，中国航天频频传出惊爆世界的消息，其中有三项被网民们赞誉为"高科技神器"：一是伴随卫星，二是量子卫星，三是无燃料引擎。

2008年9月25日，中国神舟七号飞船顺利升空，这次飞行试验代表着中国载人航天工程稳健地迈出第二步，进入空间实验室

建造阶段。当航天员翟志刚在太空挥动五星红旗的那一刻（图4-18），标志着中国成为世界上第三个有人进入外太空的航天大国。翟志刚从飞船舱外取回的空间润滑材料实验装置，也是中国首次实施的外太空暴露科学实验。随后在神舟七号上释放的一颗伴随卫星，则引起了全世界的广泛关注，成为第一个热门话题。

从在轨运行的航天器上释放空间飞行器，并不是新鲜事儿。早在1990年，美国最著名的"哈勃"望远镜就是从航天飞机上释放到太空去的，其后"哈勃"还被航天飞机5次抓回来进行维修后再放回太空。神舟七号释放小卫星仅仅是一项新技术应用试验。

这颗小卫星，远远没有哈勃那么庞大，总质量只有45千克。但它的意义非凡，正

如许多西方媒体评价说："这表明中国已经具备自主建造空间站的能力，是中国载人航天工程具有里程碑意义的技术进步。"

发展微小卫星和在轨二次释放技术，是世界各航天大国都在发展的一项前沿高新技术。因为微小卫星成本低、研制周期短、技术集成度高，灵活性强；在轨二次释放，可以节约发射成本。所以，掌握微小卫星研发和在轨释放技术是体现航天大国能力的重要标志之一。神舟七号释放的小卫星用来干什么呢？当伴随卫星从天上传回第一张照片后（图4-19），人们才恍然大悟，"原来它是神舟飞船用来'卖萌'的神器！"利用伴星的相对近距离绕飞能力，不仅可以对神舟七号拍照，还可以对飞船外部结构老化、损伤，以及舱外机构和应用设备的工作技术状态、

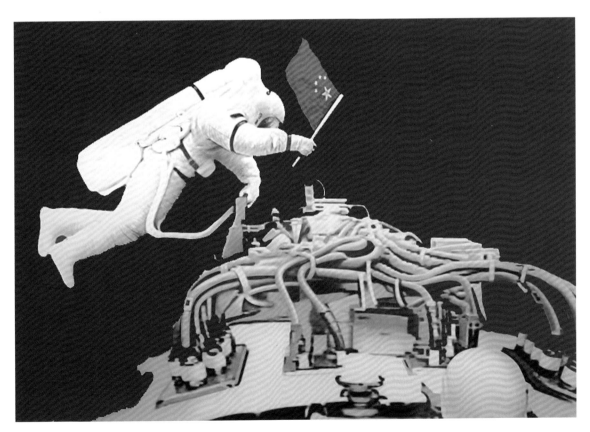

图4-18 神舟七号航天员翟志刚在太空展示五星红旗

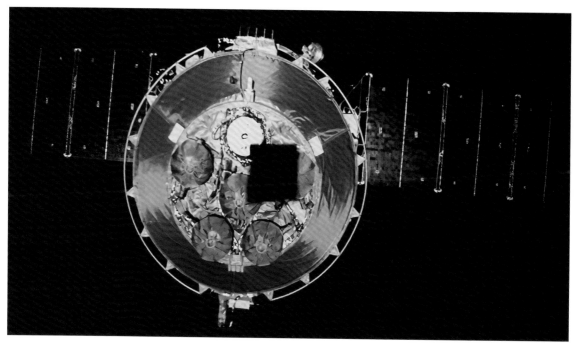

图 4-19 神舟七号伴星传回的第一张神舟七号飞船照片（飞船照片上的方形黑斑是伴星的投影）

可能遭遇的空间环境突发事件、空间碎片或微流星撞击危险等进行长期实时监测。2016年发射的天宫二号空间实验室，同样也释放了一颗小卫星，成熟的伴星技术将在航天器交会对接、宇航员出舱活动、实施舱外结构安装、舱外人工修复等未来中国空间站建造任务中，担当"安保"职能，为舱外建造现场、太空环境、航天器运行状态和航天员安全等提供全方位监视、监测信息。

世界科技前沿"墨子号"

2016 年 8 月 16 日，中国量子科学实验卫星"墨子号"（图 4-20）的成功发射，再次成为世界热议的焦点。因为，这颗卫星的任务是当代科技最前沿的空间科学实验——量子通信技术试验，属于量子力学的理论与应用技术研究范畴。量子力学是描写微观物质的物理学理论，与相对论一起并称为现代物理学的两大支柱。量子力学对于大多数人来

讲，太高深、太神秘！什么是量子？量子纠缠是怎么回事儿？如何用量子来传递信息？其理论解释让一般民众难以理解。

这里不打算展开去谈高深的量子力学理论，作为空间科学实验的一个应用示例来介绍时，需要解释几个术语。在量子力学中，量子态叠加、量子态叠加不可测试、量子不可克隆（复制）和量子态纠缠被称为四大基础理论。根据这些理论研发出新一代保密通信和高速计算机，可以得到超过光速（电磁波）4~5 个数量级的传输速度，一旦从理论到应用技术方面都取得重大突破被推广应用，将给人类社会带来一个全新的信息化时代。

量子是物理能量的最小单位。例如，我们常见的光线就是由很多光子组成的能量物质，所以光子就是一种量子。我们以光量子为例，来介绍这里涉及的几个基本术语：一个光子可以发生振动（图 4-21），不同的振

图 4-20 墨子号卫星模拟效果图

动（偏振）方向就是一个"状态"，所谓量子态叠加，是指光子可以同时有水平偏振和垂直偏振两个状态（称为状态叠加）。而这种量子叠加状态是不能测试的，一旦测试到它的一个状态，另一个状态就不存在了（称为状态塌缩）。因为量子态的不可测试，也就无法预知，就不可能去复制。更奇妙的是量子态纠缠，意思是把两个处在纠缠态的量子分开，不论分开距离多远，如果对其中一个量子状态作用，另外一个量子状态也会随之改变（称为隐形传态），量子力学创始人之一的爱因斯坦称这一现象为"遥远距离诡异的相互作用的量子纠缠"。

显然如果量子的上述四大理论得到证实，那么把它应用到通信和计算技术上，将带来信息化时代的重大飞跃。因为利用量子态叠加，可以增加数字编码容量；利用其不可测试和不可复制原理可以做出通信信息不可窃取和不会泄密的绝对保密，利用量子

纠缠的隐形传态原理可以获取到经典物理学无法解释的，超过光速的高速通信能力。所以，量子通信、量子计算机成为世界各国科学家都在研究的前沿高科技课题，其中的关键技术是：纠缠量子的制备、量子分发与接收、超远距离量子隐形传态的实验验证。

科学家们首先使用光纤开展量子密钥分配和量子隐形传态的地面实验，到 21 世纪获得基本突破。但是，如何实现自由空间的量子通信，却一直是困扰科学家们的难题，因为地面大气层的干扰和衰减，使得光子（量子）在自由空间难以传送更远距离，所以无法进一步去开展量子密钥分配、纠缠量子的分发和隐形传态的应用实验。于是科学家们想到了卫星技术，地球外大气层空间极度稀薄，近乎真空状态，没有了大气干扰和衰减，如果在卫星上成功制备出纠缠态光量子，只要卫星能够对准地面实验站，就可以把纠缠光量子分发到地球上任意远距离的

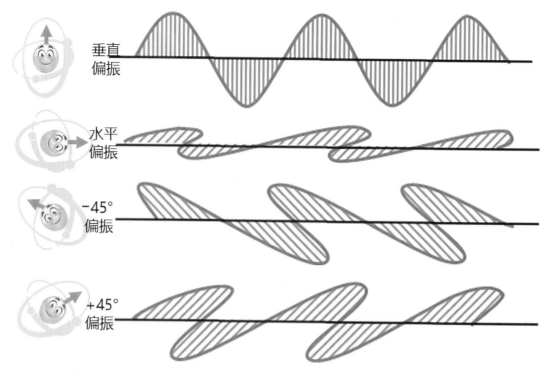

垂直偏振

水平偏振

−45°偏振

+45°偏振

图 4-21 光量子的态叠加示意图

A、B 两个地方，就可以进行任意远距离的量子隐态传输实验。

为了验证空间实验方案的可行性，中国科学家用了近 10 年时间开展地面实验研究，在 2012 年首次成功实现百千米量级的自由空间量子纠缠分发和隐态传输验证。显然这个距离已经满足星—地空间实验时穿越大气层的厚度，为卫星实验奠定了基础。所以，当 2016 年 8 月 16 日 "墨子号" 成功发射，经过 4 个月的在轨测试后，交给科学家们正式开展科学实验。2017 年 6 月 16 日，在卫星上制备出纠缠态光量子，被准确分发到地面相距 1200 千米的中国青海德令哈和云南丽江两个地面站（图 4-22），在世界上首次实现千公里量级的量子纠缠，这意味着量子通信向实用迈出一大步。2017 年 8 月，中国发布最新成果——国际上首次成功实现千公里级的星—地双向量子通信，为构建覆盖全球的量子保密通信网络奠定了坚实的科学和技术基础。2018 年 1 月，在中国和奥地利之间首次实现距离达 7600 公里的洲际量子密钥分发，并利用共享密钥实现加密数据传输和视频通信，这标志着中国已具备实现洲际量子保密通信的能力。

新技术实验验证

2016 年 9 月，正是北京的金秋季节，是收获的季节。在网络世界，中国 "墨子号" 卫星的余热还未消退，从酒泉航天发射场又传来一声 "惊雷" ——中国的 "天宫二号" 空间实验室成功发射。当人们欢呼雀跃时，传来一个更让人惊愕的消息：在天宫二号上，中国航天人实施了一项 "无燃料推进引擎" 的技术试验，并取得重大突破。"不用燃料就能产生推进飞船的动力！岂不是 '天方夜谭'！哪有这等 '神器'！" 一连串的惊叹，

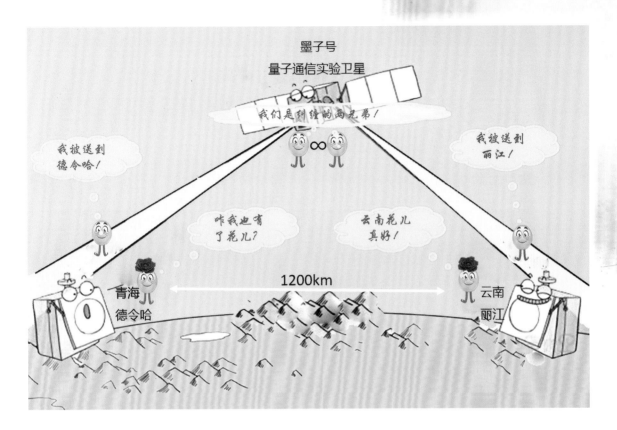

图 4-22 量子纠缠实验验证示意图

让网民们合不上嘴。这类新技术应用验证试验，是空间科学实验研究的一个重要方面。

"无燃料引擎"更准确的名称应当叫作"电磁驱动器"或者简称为"EM 引擎"（图 4-23）。它是在 21 世纪初由一位名叫罗杰·肖耶尔的英国人提出来的，其基本原理是：利用太阳能供电产生光子微波，在一个一头大一头小的锥形密封容器里，让光子微波在里面来回反弹，从而在锥体较细的一端产生推力，推动宇宙飞船向前飞行，其不断推动过程最终可使飞船速度超过光速。如果"EM 引擎"能够实现，就意味着未来的航天器无须使用推动器，航天器无须携带燃料，其体积可以大大缩小，人类的深空远航将变得轻而易举。

罗杰·肖耶尔的"异想天开"在提出当初并不被看好！因为从理论上讲，他违反了牛顿第三定律"作用力与反作用力"的基本物理学定律。一些权威学者发表了更加严肃的科学判决：EM 引擎能产生动力的原理，不符合物理学中"动量守恒"的基本概念，不是根据作用力与反作用力的原理，甚至推测能获得超光速，也不符合爱因斯坦相对论中的光速不变假设。

遭到普遍质疑，看似不可能的一个"设想"却被美国航空航天局"奇思妙想"征集活动选中，并在其支持下，悄无声息地组织了一系列实验研究来证明其可行性，终于在 2015 年 11 月对外公开宣称："看似'不可能'的无燃料推进 EM 引擎，虽然打破了物理学定律，但证实可以产生推力。若用于飞船，其速度之快，可在 10 周内到达火

图 4-23 无燃料引擎的原型样机

星。"英国《每日邮报》紧紧跟进，报道："……经过多次试验、排除一些误差，验证EM引擎确实可以做到不使用常规的火箭燃料，而产生推力。"参与这项研究工作的美国航空航天局资深工程师鲍尔·马尔也公开证实："EM引擎在高度真空中通过成功检验，虽然至今仍不能从现有科学理论上解释其动力的来源，但是，EM引擎可以实现科幻中的星际旅行：如果使用EM引擎飞船，可以在4个小时内到达月球，70天内到达火星，在100年内飞往4光年外的半人马座阿尔法星。"

让西方震惊的是，美国航空航天局对外发布EM引擎消息还不到一年时间，一直被视为航天技术远远落后于美国的中国，却率先将EM引擎送上天，在真实的太空环境下进行实验。实施这次太空新技术实验的负责人透露："中国不仅在实验室验证了无燃料引擎推进技术，同时还进行了原理性验证，天宫二号的试验目的是在轨道零重力环境中的测试验证。"于是，有人得出结论说："中国EM引擎研究处于领先地位。"这个结论未必准确，但至少说明中国人在前沿先进科技领域，在逐渐缩短和世界先进航天大国的差距。如果再大胆点预测，说明中国正在大步迈向宇宙深空的探测，火星、金星、小行星，以及太阳和木星等都会等待中国人的到来。紧接着，在2018年12月8日凌晨，中国嫦娥四号轻车熟路直奔月球，带着玉兔号月球车在月球背面南极艾特肯盆地安全着陆（图4-24），并开展巡视探测，开创了人类探月历程中的一个首次——月球背面软着陆和巡视勘察。这再次说明，中国人正在一步一步地登上世界科技顶峰。

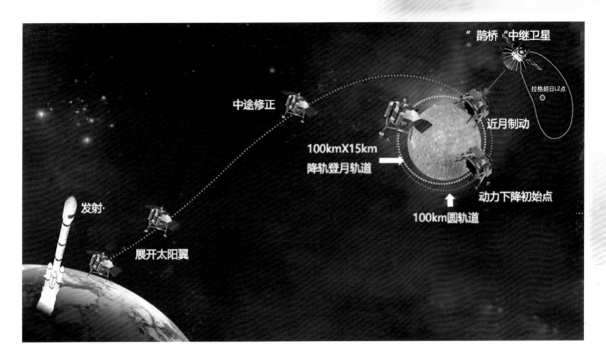

图 4-24 嫦娥四号登月轨道示意图

伴随卫星、墨子号卫星、EM 引擎都只是"管中窥豹"，航天、载人航天为知识创新、技术创新提供了机遇，在前沿科技领域有太多的探索与认知，需要采用空间科学实验手段去验证。一种新材料、一类新器件、一个新的设计构想……如果要在空间应用，首先需要拿到太空的真实环境中去检验、验证，在实践中积累经验、改进设计，完善其功能、性能和技术指标，以保证空间应用的安全、可靠和适用。空间技术实验属于空间科学研究的一个范畴，其特征是集基础理论研究与应用技术验证于一体。因此，它具有科学认知和技能创新的双重效益。为促进航天、载人航天工程的可持续发展，为服务于国民经济建设、国防建设，创新先进技术手段，为提升民众的科学文化素质和社会文明进步，世界各国都非常重视，是最具显示度和标志性的航天应用任务之一。

第 5 章

那些在太空做的实验

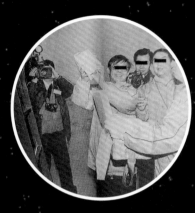

太空女教师

  2013 年 6 月 20 日，中国女航天员王亚平，在天宫一号上进行了一场历时 45 分钟的科普讲座。王亚平在聂海胜和张晓光的协助下，演示了人体质量测量、单摆运动、陀螺运动、水膜和水球等科学实验（图 5-1），向全国 8 万余所中学的 6000 余万名师生，形象、生动地讲解了太空失重环境下的物体运动特性、液体表面张力特性等科学知识，并准确地解答了同学们的现场提问。这次太空授课使得王亚平成为中国的第一位太空女教师，赢得了亿万青少年的爱戴，开创了中国航天活动参与全民科普教育的先河。

  在王亚平太空授课之前，还有一个小故事：2013 年 6 月 13 日，也就是中国神舟十号飞船升空的第三天，从大洋彼岸传来一封给王亚平的信件，代表全世界的教师和学生向她表达荣耀和爱的问候，并对她担任首位中国太空教师给予热切期盼和鼓励。写这封

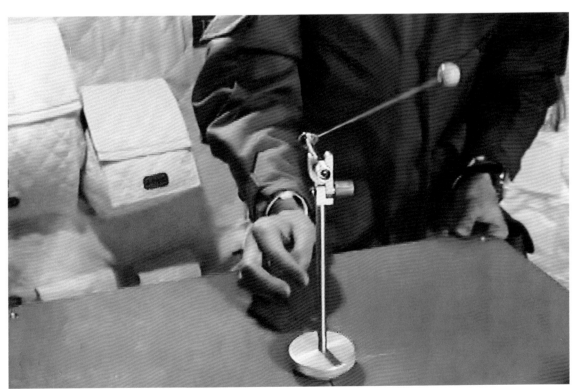

图 5-1 天宫一号上王亚平演示微重力下的单摆运动

信的人就是世界首位太空教师、美国前宇航员芭芭拉·摩根。2007 年 8 月 8 日，时年 55 岁，曾是小学女教师的芭芭拉·摩根，作为一名职业航天员乘坐美国"奋进"号航天飞机升空飞向国际空间站。8 月 14 日，她在国际空间站上向全世界的青少年学生做了 24 分钟的科普讲座，表演太空喝水、如何克服微重力等相关常识（图 5-2），女教师幽默的言辞、诙谐的形体表达，让天地互动场面热烈，充满欢声笑语。时隔 6 年，芭芭拉获悉，王亚平将作为她的后继者登上太空讲堂时，年逾 60 的她抑制不住激动的心情，通过新华社驻洛杉矶记者转来友好的祝贺。王亚平在完成太空授课的当天，就给芭芭拉发去电子邮件，谢谢她的关心和祝愿，对芭芭拉为世界载人航天和教育事业做出的贡献表示钦佩和敬意。世界上两位太空教师都在信件中赞美人类的共同家园——地球的"美丽迷人"。正如王亚平在给芭芭拉的回信中所说："太空寄托着人类美好的向往，知识是走向太空的阶梯。"通过太空课堂"开启全世界青少年朋友热爱科学、探索宇宙的梦想"是人类的共同事业，科学没有国界。因此，当今天两位太空教师成为亿万青少年朋友的偶像时，还有一位先驱不能被忘记，那就是美国女教师克里斯塔·麦考利夫。

麦考利夫，1949 年出生在波士顿，成长于马萨诸塞州的弗雷明汉，毕业于弗雷明汉州立大学，在马里兰和新泽菲尔州从事初高中美国史、法律和经济多科教学工作，是一位很有名望的社会学教师。当年美国总统里根向国家航空航天局提出要求："在全国所有中小学中挑选一名最优秀的教师，作为我们空间计划史上第一个公民乘客。"麦考利夫最终从一万一千名申请者中杀出，成为美国第一位平民航天员、第一名太空教师。1986 年 1 月 28 日，美国东部时间上午 11 时 38 分，麦考利夫和她的六位同伴乘坐"挑战者"号航天飞机准备飞向太空，她此行的任务是要给全世界的青少年朋友开讲人类太空第一课。当时佛罗里达州卡纳维拉尔角肯尼迪航天中心的地面气温在零下 5 ℃，发射台上积了冰，塔架上挂着长长的冰柱，随着"五、四、三、二、一、点火"的倒计时命令，挑战者号飞向天空。可是仅仅 70 秒钟，传来一声巨响，天空出现一团橘红色火后，随即分成许多小叉，拖着火焰和白烟四下飞散……航天飞机爆炸了，麦考利夫等 7 名航天员（图 5-3）在那团火球中消失！这就是美国航天史最惨重的灾难事故。麦考利夫没有实现太空授课的理想，却成为那一代青少年学生和广大民众心中的女神、航天英

图 5-2 美国航天员芭芭拉太空授课截图

图 5-3 挑战者号航天飞机爆炸，麦考利夫等 7 名航天员遇难

雄，而她未能开讲的教案，也永远尘封在美国航空航天局的档案里。美国人民永远怀念她，把她的生日8月6日定为一个永远的纪念日——克里斯塔·麦考利夫日。

科普也是探索认知

许多看似浅显的知识，最初的认识过程也是科学研究。今天王亚平所演示的那些科普实验，在人类还无法摆脱地球引力约束的年代，科学家们也许理论上略知一二，但没有机会得到验证，一度是世界顶级科学家们探索研究的选题。用现代科学去完美解释地球重力场在物质和生命运动中的作用，如果地球重力不存在，物质运动将会如何？地球上所有生物的形态和运动会发生什么变化？人们头脑中一连串看似荒谬的幻想，驱动探索认知的行为，"把地球上的小动物送上天去，观看会发生什么？"是最简单、可行的做法。于是有人迈出了"拓荒者"的第一步。1935年一位名叫"史蒂文斯"的人，把七种真菌送到25千米高度的平流层空间去观察这些真菌能不能存活，当返回地面后，他没有发现那些真菌有什么变化，这就是现代空间科学发展史上著名的"史蒂文斯热气球"实验。

"二战"时期，德国人首先制造出了一种几乎让伦敦变为废墟的V2导弹（图5-4）；

图5-4 "二战"时期德国研制的V2火箭历史照片

战争结束后，它却成了人类进军太空的"开路先锋"。1946年德国科学家用V2火箭把一种叫果蝇的昆虫送到距离地面160千米的空间；1948年，美国科学家也利用V2火箭首次把哺乳动物小白鼠送上天……这些前期比较盲目的实践没有多少结果，却让人类进入太空、探索宇宙奥秘的欲望迅速膨胀。

当1957年苏联发射第一颗人造卫星后，挣脱地球引力约束成为现实。在卫星上能够获得一个相对稳定和持续的微重力环境，微重力科学实验研究成为一大热点。下一步是要把人送上天，美国和苏联科学家，都把谁先进入太空，作为最前沿的科学研究目标，用猴子、黑猩猩、小狗作为人的替身（图5-5），送上天去，看它们是否适应空间失重状态，了解复杂的太空环境对地球生物，特别是对人的各种影响。那些猴子、小狗、猩猩是进入太空的第一批"乘客"，成为世界载人航天的头等功臣。

图5-5 美国黑猩猩上天的历史图片

1961年4月12日，苏联发射世界上第一艘载人飞船，尤里·加加林环绕地球108圈，安全返回，成为进入太空第一人。今天的人们只知道加加林，却很少有人知道，就在加加林上天前20天，他的同胞——邦达连科，在地面训练中，因为高浓度氧气舱起火而献出了宝贵生命，成为人类为征服太空

图 5-6 史上牺牲的第一位航天员邦达连科

空环境中的若干自然现象还需要由大量实验研究来验证。相继发展起来的卫星、飞船、空间站、航天飞机等各式各样的航天平台，为科学家提供了开展空间科学实验研究的机会。于是，科学家们把能够想到的，也能够实现的各类地球生物作为研究对象，送进太空，深入了解空间失重及强辐射等复杂环境因素，对地球生物的繁衍、发育、生长和运动行为的影响，开展了方方面面的研究。有人统计过，迄今为止上过天的动物，涵盖各大门、纲、类、目，不下千种；上过天的植物、微生物更是多到难以统计。这些地球生物的"太空旅游"表现，往往出乎预料地精彩，带给了科学家们认识空间自然现象的丰富资料：

2008 年，美国航天员把两只蜘蛛带到国际空间站上，亲自感受无重力状态下，蜘蛛结网的方式，他们发现两只蜘蛛编织的混乱不堪的蜘蛛网（图 5-7），与它们的八脚同胞在地球上编织的完美对称结构的网完全不能相比。类似的有趣实验还有很多：金鱼在失重状态下，变得无所适从，暴躁地不停打转；蝙蝠在太空舱中乱碰瞎撞，失去方向；

而牺牲的第一位航天英雄（图 5-6）。尽管加加林上天证明了人能够进入太空，但是对于复杂太空环境的认识还是粗浅的，在太

图 5-7 蜘蛛织网的天地对比

蛇在失重情况下，并不像人们想象的那样能够舒展开来，而是身体打结，不停扭动；小猫到了太空，被宇航员抛起来后，无法转身立起……各式各样千奇百怪的表现，出乎人们意料。

中国科学家开展的相关实验也收获颇多，最典型的是所谓航天育种，把植物的若干种子送到太空后，再取回来，培育筛选出优良后代；把植物苗送入太空，观看它开花结果的过程，结果发现远远不同于同一物种在地面上的生长发育状态。2016 年中国"天宫二号"空间实验室发射升空，在与神舟十一号合体飞行期间，专门开展了一批科普性质的科学实验。其中由中国香港中学生设计的实验项目"水膜反应""太空养蚕"（图5-8）和"双摆实验"别具意义。这些实验设计展示了中国青少年的科学情趣，也深化了人们对太空自然现象的认知。

太空归来的"天使"

检验和验证人们对空间特殊环境自然现象的理论推断，并不是空间科学实验的唯一目的，科学家们更感兴趣的是利用地面上无法获取的失重条件去发现新现象、新规律，进而利用这些规律和现象，创造人类适应自然、利用自然的技术与能力。中国载人航天工程二十多年来，所开展的大量科学实验研究，取得了来自太空的累累硕果。

2002 年 4 月 1 日下午 4 时左右，在内蒙中部的阿木古郎大草原，还有斑斑积雪，在夕阳照射下，像镶嵌在金色大地上的朵朵银花。中国神舟三号飞船被身着鲜艳服装的回收队员簇拥着，稳稳地平坐地面，众多媒体记者手中的相机不断闪光，一位双手举着一个小盒的中年人喜形于色，这是当年在各大报纸上刊登的一幅回收场现场照片（图5-9）。那个被双手举起的小盒里面，就是被媒体炒爆的，神舟三号搭载的 7 枚太空乌鸡蛋，后来孵化出 3 只小鸡，在北京郊区某地发展成为一个规模不小的太空乌鸡养殖场。其实，在这次回收中，有一个神秘的黑箱子才是神舟三号空间科学实验的主角，它却躲过了众人的目光，被快速地送上车，转运到专机上，于当天晚上 10 点左右送到中国科

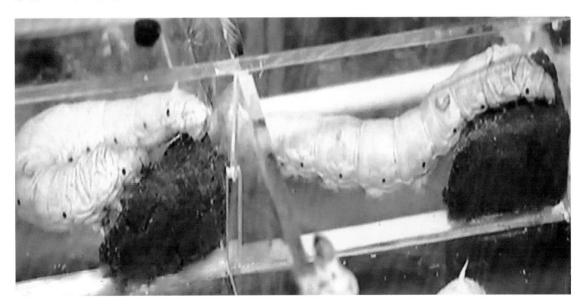

图 5-8 天宫二号上第 7 天蚕宝宝开始吐丝结茧

图 5-9 神舟三号搭载乌鸡蛋回收现场

学院的一个研究所里。

那个"黑箱子"里是什么宝贝？竟然享受到乘坐专机的待遇！在研究所的专业实验室里，一位工程师熟练地打开箱子，取出几个扁平的透明有机玻璃盒子（图 5-10），在场的新闻媒体人顿时傻眼，疑惑不解地问道："这是什么呀？"这次实验的首席女科学家却抑制不住激动的心情，小心翼翼反复翻弄着那些"小棺材"，眼含泪花，喃喃自语：

"成功！非常成功！"在寂静、明亮的实验台前，这位女士抬起头来，指着那些小盒子说："对不起！我太激动！感谢大家！我的实验很成功！这是我们中国人首次获得的，最成功的一例空间细胞培养实验……"

什么是细胞培养？广大民众并不一定知道它有多大意义，可是对于年过半百的女教授来讲，这却是她付出一生的研究课题。学生时代，她选择了生物学专业，20 世纪 70 年代"文化大革命"结束后，给了她走出国门去科技先进国家考察、学习的机会。学成归来，她励志要做出点成绩，赶超世界先进水平。80 年代，她是中国第一批利用返回式卫星开展空间科学实验研究的科学家之一。载人航天工程启动，她的课题被选为第一批空间实验项目，并在工程技术人员的密切配合下，取得圆满成功。实验结果在国际著名刊物上发表，引起了国外同行的高度重视，

图 5-10 神舟三号细胞培养实验样品分解照片

终于实现了她填补国内空白的夙愿。

"细胞培养"是先进的生物工程技术之一，主要应用于生物制药和组织工程方面。所谓生物制药，就是利用某些动物或植物细胞或细胞分泌物质制造出用于诊断、治疗某些疾病的药物，生物药品相对于化学药物更安全、有效，因而受到广泛重视；所谓组织工程是指对人体的某些器官、组织损伤、残缺进行修复的生物技术，如常见的器官移植等治疗手段。细胞培养方法是生物组织工程之一，可以按治疗要求培养、生长出一个新的器官，提供给病人使用。换句话说，未来如果你心脏坏了，可以给你用生物组织工程

长个新的心脏，缺耳朵、手指……都可以用组织工程进行修复。

显然"细胞培养"是一项既具有基础理论研究，又具有应用技术研究的前沿高科技课题。神舟三号当初选题立项时，就明确提出要有创新，"先进科技不能单纯地跟随国外，而是要立足赶超！"所以科学家们千挑万选，确定用四种细胞作为实验研究对象（按图 **5-11** 中编号顺序）：

一是具有单核／巨噬活性的组织淋巴瘤细胞株，经过诱导培养合成、分泌一类具有广泛生物学活性的小分子蛋白质，可以用于生物制药，提高人的免疫力，治疗白癜风等

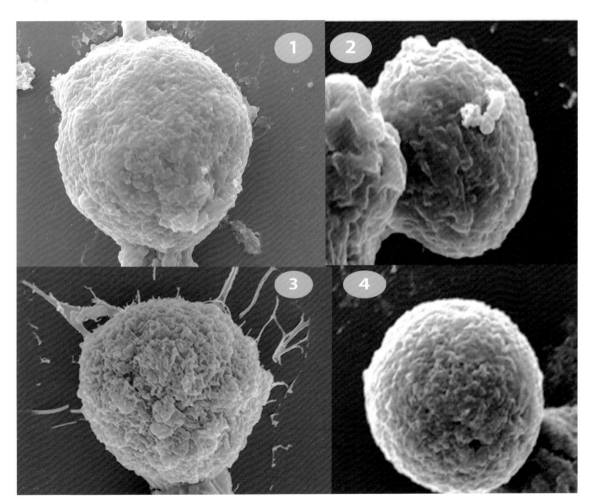

图 5-11 四种回收空间细胞样品的电镜照片

疑难疾病；二是具有多种免疫功能的大颗粒淋巴细胞，可以用于清除恶变细胞、抑制肿瘤的生长和转移、抗病毒及其他微生物的感染等；三是抗衣原体蛋白小鼠淋巴细胞杂交瘤细胞，它的分泌物可用于艾滋病的治疗与检测；四是抗天花粉蛋白小鼠淋巴细胞杂交瘤细胞，研究微重力对细胞产物的合成与分泌作用影响，它的分泌物质也具有诊断或治疗癌症的功能。

神舟三号的实验样品细胞成功回收后，科学家们采用电子显微镜、共聚焦成像、基因组学、细胞蛋白组学等多种研究手段进行了全方位的理化分析（图5-12），获得了微重力环境对空间细胞培养影响的丰富资料，为开发人类抵御癌症、性病、白癜风等疑难疾病的药物和诊断方法提供了科学依据。因此，人们赞誉那些小盒子是太空归来的，造福人类的"白衣小天使"。

回顾世界航天发展史，迄今为止开展最多的空间科学实验，当属空间生命科学与生物技术。国际上称空间生命科学为宇宙生物学，总的科学目标是，研究宇宙空间的客观生命现象及其相关规律，进而探索地外生命、地外文明。在一些文献中阐述宇宙生物学的主要研究方向时指出：一是研究人和地球生物到宇宙空间活动时，微重力、宇宙强辐射等客观极端环境条件带给人和生物的影响，认知其机理，并探索适应空间客观实际条件，创造人和生物空间生存活动的方法、措施和手段。二是从生命发生与发展角度，探索生命的起源和地外生命、地外文明存在的可能。

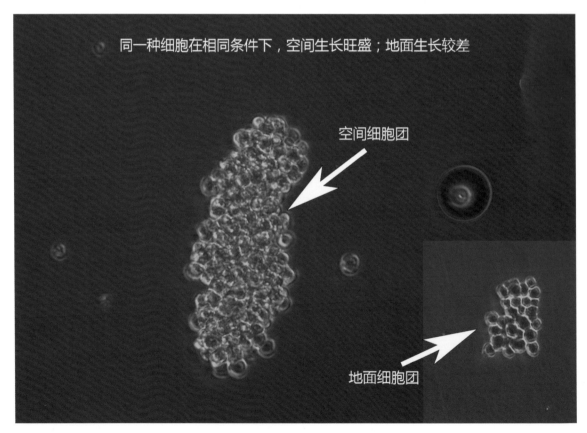

同一种细胞在相同条件下，空间生长旺盛；地面生长较差

空间细胞团

地面细胞团

图 5-12 细胞培养的天地对比照片（同倍比光学显微镜）

因此，空间生命及生物技术是开展最广泛的科学领域之一，它涵盖了空间生物学、空间生理学、空间医学（航天医学）、辐射生物学、生命起源学、地外生物学等基础理论科学，也涵盖在基础理论学科支持下，发展起来的众多生物工程技术应用学科。科学家执着地去探索微重力以及高真空、强辐射等各类环境要素对生命现象的影响，进而求索可能改善人类健康的种种因素。

例如，从结构生物、遗传学角度去寻找癌症、性病、高血压、心脏病、糖尿病等疑难或多发、常见病症的病理，进而寻求诊断、治疗、预防、消除这些疾病的对策及新的特效药物设计；研究新的优良生物物种的培育技术、生物产品的制造和提纯技术等，发展出涉及生物化学、分子生物学、细胞生物学、合成生物学、医学、生物育种学、遗传学、工艺学等广泛基础科学与应用科学的交叉学科，并促进了基因工程、蛋白质工程、遗传工程、细胞工程、生化工程（酶工程）、微生物工程（发酵工程）等新兴学科的发展。同时也带动了生物信息技术、生物安全技术、计算生物学、动植物检疫技术等基础支持技术学科（图5-13）。科学家预言生物技术将成为人类一个新文明时代的标志，而利用空间条件开展科学实验，则是实现这一文明发展必不可少的手段之一。

解析生命的奥秘

北京中关村云集着中国科学院众多研究所，素来被人们誉为"中国硅谷"。1992年，在进入中关村的黄庄路口，矗立起一座由两条螺旋线组成的怪异雕塑，成为中关村的标志。21世纪初，中关村大街改造时，这座双螺旋碑被移到新的中关村广场。这个碑有什么意义？它标志着什么？为什么被安置在中关村？原来它的造型取材于脱氧核糖

图5-13 空间生命科学实验领域示意图

核酸的分子结构。脱氧核糖核酸是组成遗传指令，引导生物发育与生命机能的一种生物大分子，英文名称是deoxyribonucleic acid，缩写为"DNA"。因此，这座碑的真实名称应当是"生物链的DNA双螺旋标志"（图5-14）。它立在中关村，象征着中国科学人不断向上、勇攀高峰的发展轨迹，中关村生生不息、赖以生存和延续的生命基因。

20世纪40年代末50年代初，脱氧核糖核酸（DNA）就被确认是遗传物质，DNA是一个什么样的结构，与其他生物大分子结构一样不被认知，成为生物学家们面临的难题，许多大牌科学家都在围绕着它开展研究。

英国著名生物化学家威尔金斯和富兰克林用X射线衍射法研究DNA的晶体结构。美国大化学家莱纳斯·鲍林是结构生物学的权威，发现了蛋白质的a螺旋结构，推断DNA

图 5-14 矗立在中关村的双螺旋标志

是三股螺旋结构。另外两位还在剑桥大学做博士的年轻人詹姆斯·沃森和弗朗西斯·克里克，他们从威尔金斯提供的、由富兰克林制作的一幅 DNA 清晰的 X 射线衍射图像，找到了灵感，最后搭建出 DNA 双螺旋结构模型（图 5-15），在 1953 年正式发表，引起科学界的轰动，被认为是"打开生命奥秘之门"的伟大发现，成为利用 X 射线晶体学技术解析生物大分子结构的一个里程碑，为现代分子生物学的确立，奠定了结构基础。

由于 X 光的波长很短，介于 0.01~100 埃之间，而生物大分子内大多数原子间的距离都在 1.5 埃左右，所以用这一技术对生物大分子成像，获得三维实体结构，其分辨率可以超过看清原子的水平。最早把 X 射线衍射技术应用到生物大分子结构研究上的是，20 世纪 30 年代英国化学家威廉·阿斯特伯里，从而诞生了结构生物学的分支学科——蛋白质晶体学，而且涌现出多萝思·霍奇金、贝尔纳、佩如兹等一批使用 X 射线衍射分析技术来研究复杂有机分子的著名科学家。然而，直到 20 世纪 50 年代后期，新的解析方法出现，才第一次准确测定出蛋白质这种生

图 5-15 沃森、克里克和他们搭建的第一个 DNA 结构模型

物大分子的三维结构。

"蛋白质"对于绝大多数人都不陌生，它不仅出现在中学的课本中，在日常生活中也会经常用到这个词汇。蛋白质是人体必需的营养物质，同时也是构成人体组织器官的主要物质，生物学家说："蛋白质是生命的物质基础，没有蛋白质就没有生命。"不同蛋白质结构有不同的生物功能。因此研究蛋白质结构成为研究生命功能发育过程，及其基本理论的一门前沿科学。但是，蛋白质结构非常复杂，通常是由 α - 氨基酸按一定顺序结合形成一条多肽链，再由一条或一条以上的多肽链盘绕、折叠成二级、三级……形成特定的空间结构（图 5-16）。蛋白质要保持其空间结构的完整性，才能体现生物活性，并发挥其特有的生物学功能。研究蛋白质空间结构的目的：一是在原子及电子传递层次上探寻蛋白酶反应机理、蛋白质—蛋白质之间相互作用，更加广泛和深刻地理解它的生物学功能及生物界的起源、发生和发展规律；二是根据已知蛋白质结构进行药物设计和优化，用于药物的前期研发，研制出可以用于临床治疗的药物。

可是，研究蛋白质的晶体结构，首先需要获得高纯度、高均匀性的蛋白质样品。因此如何培养出可以提供分析研究的高质量蛋白质晶体又成为一项挑战。在地面实验室里培养蛋白质晶体，由于地球重力作用引起的沉淀，制备出可以提供生物学家解析的高质量、大尺度的完整蛋白质晶体很困难。航天器上的微重力环境，排除了重力干扰，为制备高质量的蛋白质晶体提供了有利条件，

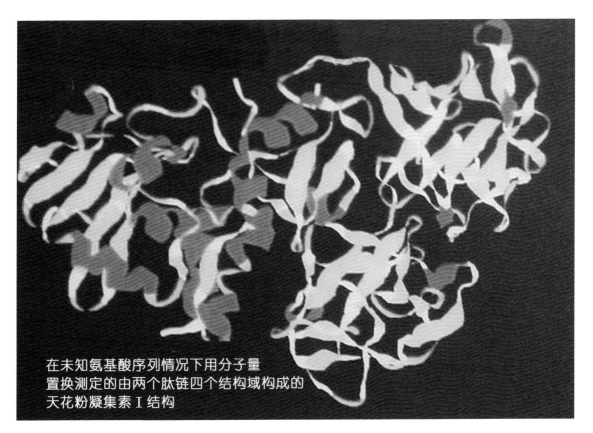

在未知氨基酸序列情况下用分子量置换测定的由两个肽链四个结构域构成的天花粉凝集素Ⅰ结构

图 5-16 蛋白质分子结构伪彩色示例图样（中科院生物物理所供图）

从 20 世纪 70 年代以来，各国科学家都进行了大量的空间生物大分子晶体生长的实验研究，促进了蛋白质晶体学的跨越发展。

我国空间科学实验研究虽然起步较晚，但在近 40 年间，蛋白质晶体学是开展得最多的空间实验研究之一。1987 年，我国科学家首次利用返回式卫星搭载，到 1992 年先后进行过 4 次空间生物大分子晶体生长实验研究。载人航天工程立项，基于探索未来空间制药的战略目标，分别在神舟二号、三号上安排了数十种动、植物的生物酶或蛋白质等生物大分子的晶体生长实验；参与国际合作，利用美国航天飞机搭载实验。2011 年神舟八号任务，利用德国的生物培养箱，采取微管技术，一次进行了由中国、加拿大、德国的科学家提供的 14 类蛋白质，进行了 120

个样品筛选条件的晶体生长培养实验。

中国科学家在蛋白质晶体学研究领域，获得了多项具有世界先进水平的研究成果（图 5-17），也培养出一代新秀人才，受到国际同行的高度关注。一幅幅精美的，出自中国科学家实验室的蛋白质三维结构图，正如中关村那座双螺旋碑的寓意，彰显出中国科学家不断向上、勇攀高峰的发展轨迹，生生不息，代代传承。

时代文明标志的材料科学

为什么说材料是时代文明的标志？按照达尔文进化论的观点，地球上猿人进化到智慧人类的第一条件是会制造和使用工具。制造工具需要用材料，使用材料的进步就是文明的进步，文明的进步又促进材料发展，

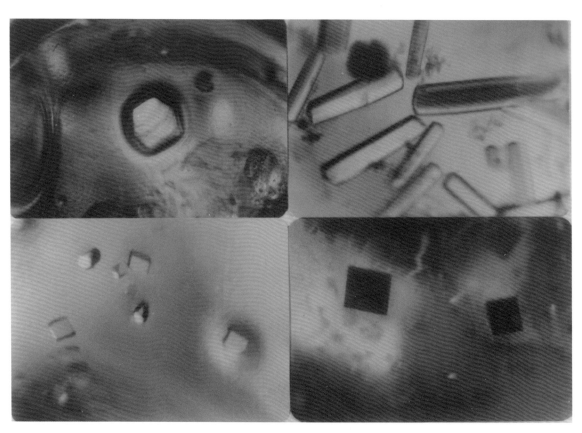

图 5-17 空间实验获取的四种蛋白质晶体照片

人类文明的历史就是材料发展的历史。旧石器时代的原始人类最初用树叶、兽皮制作衣服，用木棒和石块制作捕猎工具。新石器时代的划分是人类积累了磨制石器的技能，工具先进了，生产水平得到提高。当人类懂得材料加工，制造出比天然的石头和树木更好的材料，于是有了陶器时代、铜器时代、铁器时代的相继诞生。中国是陶器、青铜器的最早发源地，中国瓷器扬名世界，华夏先人 3000 年前就会炼铁，在相当长的一段时间内，处于世界冶金技术的前列，因而确立了华夏农耕文明时代的领先地位。但是到 18 世纪 60 年代，英国工业革命带动西方世界的崛起，现代炼钢技术的出现，让西方跃居前列，铜、铝、铅、锌、钨等有色金属被利用，才有了 19 世纪蒸汽机的发明，进入蒸汽时代。有了先进机器，人的手工劳动被替代，劳动效率大大提高，西方工业文明开始超越东方农业文明。随后波及全世界的第二次工业革命，有了发电机和电动机的发明和使用，电灯、电车、电影相继问世，电话、电报改变了传统的书信交流方式，标志着电气化时代的到来。

20 世纪是人类文明的跨越时代，半导体材料的发明，计算机技术的诞生，航天事业的发展……都标志着人类进入一个全新的信息化时代，使得人人都能享受到更方便、舒适和健康、长寿的生活方式。随着社会发展，信息对整个社会的影响逐步提高到一种绝对重要的地位。今天的世界，面临着信息量越来越大，信息传播速度越来越高、信息处理的速度以及应用信息的程度等按几何级数的方式在不断增长，计算机、机器人正在成为人类劳动的主流工具。计算机的发展离不开材料的发展，第一台电子计算机使用的是继电器和电子管，当年一台大型计算机的体积庞大到超过一座楼房，之后出现的大型晶体管计算机，要装满一间 100 平方米的房间（图 5-18）。后来出现的集成电路台式计算机，也得摆满一张办公桌，而今同等规模的计算机，不到一本书大。现在人手一只的智能手机比 20 世纪 50 年代大型计算机的功能还强大。

这一切都源于材料的进步，有了半导体材料，才制造出功能强大的计算机。有了砷化镓、锑化镓、碲镉汞等材料，才制造出光电器件、激光器、场效应晶体管、高电子迁移率晶体管、高速集成电路、太阳电池……现代高科技前沿领域用到的各类遥感器、探测器、敏感器、医学诊断仪器，都需要使用特殊的精细材料设计来制造。科学家说"因材料来设计制造"被"因制造来设计材料"替代，是信息化时代的标志。材料科学研究为新的应用需求，探索新特性、新功能材料，成为促进人类社会向更高文明发展，所不可替代的必由之路。

地球上已经发现的天然元素有 118 种，19 世纪俄国科学家门捷列夫制作的第一张元素周期表只列出了 63 种。但是，人类使用的材料却有成千上万种，其中绝大多数应用材料都是人类利用天然元素按应用需求，通过提炼、设计、加工合成开发出来的。材料分类非常复杂，各种不同分类都包含着一个庞大的材料家族。随着人类文明的递进，高新科技将促进新的应用需求，为实现创新设计制造目的而开发出新的材料还在不断增长。人们熟知的计算机，以及形形色色的各类智能化机械设备、电子仪器产品都缺少不了电子集成器件，在信息化时代，大规模、超大规模的电子集成器件，光 / 电接收、发送、成像、转换器件等，大量使用半导体材料，稀有合金材料，聚合、复合材料等，这些材料的品质都取决于其成分的选择、结构的均匀性和精细的科学制备流程。

图 5-18 美国 IBM 公司 system360 大型计算机局部照片（1965 年推出，曾应用于阿波罗登月工程）

从物理学理论上深化对材料的认知，生产出有优良特性和功能的器件，依赖于基础材料科学的研究。绝大多数材料制备都有一个从液态到固态的凝固过程。在这个过程中，会因为地球重力作用产生浮力对流、沉降和流体静压，从而影响材料的内部结构，改变其使用性能，这是材料科学家无法摆脱重力场约束情况下的困惑。空间微重力条件给材料科学家创造了一个理想的材料实验工场，空间材料科学实验研究成为微重力科学一个重要领域。

1969 年，苏联的"联盟"号飞船首次进行金属焊接和切割试验，研究微重力下金属熔融的形态，这应是第一例空间材料科学实验研究。从 1973 年开始，美国科学家在"天空实验室"空间站上进行过 28 项微重力实验；1975 年阿波罗号 – 联盟号联合飞行时，进行过 13 项微重力实验；1981 年后，在航天飞机上开展过晶体生长、特殊材料工艺、材料加工、砷化镓晶体生长等实验；1971~1982 年间，苏联礼炮号空间站共使用各类微重力实验设备约 175 种（图 5-19），回收了超过 3500 千克的实验样品，拉出重 1.5 千克的均匀单晶硅，制备出碲镉汞半导

图 5-19 苏联在太空进行材料科学实验的晶体炉装置

体材料、陶瓷和光学材料，铝镁、钼镓、铝钨、铜铟和锑铟等多种合金材料；1986 年和平号空间站升空，在轨 15 年间，开展过数百项材料科学实验，制备出纯度极高的半导体材料，生产了直径 5 厘米的砷化镓晶体。这些实验研究工作，深化了对材料的理论认知；验证了利用空间微重力条件可以制备出某些难于混合的合金、复合材料、功能材料的优良产品；积累了空间材料加工工艺的经验。

中国空间材料科学实验起步比美国、俄罗斯等先进航天大国要晚 15 年左右。1987 年，中科院林兰英院士首次利用返回式卫星进行空间砷化镓单晶生长实验，填补了空白，取得了举世公认的先进成果。其后，众多材料科学家在国家 863 计划的支持下，先后利用返回式卫星搭载方式，进行了砷化镓、碲镉汞、锑化镓、砷化铋、锑化铟、铝基碳化硅、铝基稀土、α-碘酸锂等数十种

材料的空间实验研究。

1992 年中国载人航天工程启动，材料科学作为一个主要研究领域，首次制订了有战略目标的空间实验研究计划。从 1996 年返回式卫星到 2003 年神舟三号飞船实验，进行了二元和三元半导体光电子材料、氧化物晶体材料、金属合金、非晶合金及金属基复合材料等多项空间实验，研究在微重力条件下生长的晶体材料的物理特性及空间材料制备的工艺参数，取得了一批重要研究成果（图 5-20、图 5-21），使得我国空间材料科学实验研究进入世界先进行列。

2016 年 9 月，中国自主研制的新一代空间材料实验系统搭乘天宫二号升空，标

图 5-20 空间实验材料掺铈硅酸铋晶体显微形貌

图 5-21 空间实验材料安瓿回收样品

志着中国空间科学实验的又一次跨越（图5-22）。这是中国首次实施由航天员进行在轨更换实验样品的科学实验。天宫二号在有人和无人飞行阶段，分批次进行掺铜多晶碲化锌晶体生长、纳米颗粒的有序介孔复合材料、三元体系铋—碲—硒光敏材料、四元体系铋—碲—硒—碘组元复相合金、铝—铜—镁单晶金属合金、掺杂铯碘晶体闪烁材料、碳化硅/锌基合金新型复合材料、铁电薄膜材料、红外探测器材料、磁性半导体、高性能热电半导体、偏晶合金等多项实验。这些实验所取得的成果将在太赫兹通信、光通信、对地遥感、天文观测，以及先进医疗设备等前沿高科技领域的应用器件设计制造上，发挥重大关键作用。

认识物质真容的微重力流体物理学

"水有没有形状？"大多数人的生活常识认为水是流动的，没有固定的自然形态。可是谁都知道：当冬天来临时，气温降到0℃以下，水就结成冰；用水壶烧水，到达100℃时，就会冒出蒸汽。这就是说，水是"变形金刚"，它在平常情况下是液体，如果温度降低就变成固体，温度升高就变成气体。其实，自然界的所有物质都有这种特性，在不同的温度和压力下，都会表现出固体、液体、气体三种形态，称为物质的三相，即便是坚硬的钢铁，在一定的压力和温度情况下，也会变成液体和气体。在炼铁炉中，温度达到1535℃以上时，我们就看到了铁水奔流，假如再把铁水温度提高到2800℃

图5-22 天宫二号上的材料实验炉

以上，铁水就变成飘浮的"蒸汽"，这时的铁不再坚硬，也不会再铁水奔流。

液态和气态物质被统称为流体物质，它们是由不断地做热运动，而且无固定平衡位置的大量分子组成。流体物质充满世界，无处不见，例如：包裹着整个地球的大气；覆盖地球表面的水；现代社会广泛使用的汽油、煤油、柴油等石化燃料；各类金属、非金属、高分子聚塑等固体材料的冶炼、制备、加工的熔融过程……

在地面上的流体物质没有固定的形状，具有流动性和可压缩性，把水装在不同形状的容器中，它会自动充满那个容器，多余的水会溢出瓶口流下来；结在植物叶片上的露珠，呈现出椭圆球状；自来水龙头下落的水滴呈现锥球形（图5-23），落在地面就散落开来，失去了形态，聚集多了往低处流动。所以，在地面上人们看不到水的真正天然形态，因为地球重力作用，使它失去固有的天然形状。

流体力学专家告诉我们："如果没有重力作用，液体的固有形态应当是一个晶莹剔透的圆球！"太空女教师王亚平在天宫一号上演示过，聚成一个球形的液体水珠会悬浮在空中，在舱内空气流动的微小干扰下，它会四处飘动，王亚平张嘴把它吸入口中（图5-24），证明科学家的说法是正确的。为什么

图 5-24 天宫一号上王亚平表演清除飘浮的水球

图 5-23 地面上水滴的各种形态（左：叶面上的露珠；右：水龙头下的液滴）

液体的天然形状是球形，而不是方形或圆柱形？因为整个液体表面好比一张绷紧的弹性薄膜，其中存在着一种方向与液面相切的特殊张力，这种张力使液面尽量收缩到最小，直至变成球形。这种张力就是液体的表面张力，在剔除重力干扰情况下，它在流体物质运动中的重要作用才表现出来。

有人会问："研究这个有意思吗？"科学家会告诉你："太重要了！"2016年9月15日，中国天宫二号实验室发射，上面有一项叫作"液桥半浮区热毛细对流"的流体物理学实验，引起人们极大的兴趣，有人调侃说："咱见过木桥、石桥、铁桥、钢筋混凝土桥……没听说过用水搭桥的！"其实"液桥"只是一个流体物理学上的专业名字，用液体建座"桥"是为了研究严肃的科学问题，而不是"玩水"游戏。

如果我们注意一下日常生活中的小事，就会发现液桥现象并不奇怪，譬如我们洗手时，当手指上还残余水滴时，将拇指和食指轻轻接触一下，再慢慢拉开一个小距离，就会发现拇指和食指之间有一个小小的水柱（图5-25），就好像是联系两根指头的一座桥。这里面有什么科学问题呢？举一个例子：

单晶硅材料是现代电子工业中最重要的半导体材料之一，制备单晶硅俗称为"拉单晶"，在坩埚内将单质多晶硅原料加热熔化，用一小段单晶硅作为籽晶，接触到坩埚内的熔体，慢慢向上提拉，同时控制温度使熔体在籽晶上凝固结晶，凝固时硅原子以金刚石晶格排列成许多晶核，长成晶面取向相同的晶粒，并平行结合起来，结晶成单晶硅。这种工艺专业上称为"直拉法"，缺点是在制备过程中，坩埚可能会对高纯度的硅材料产生污染，使得生产出来的单晶体含有坩埚带来的杂质。

另外一种新工艺称为"悬浮区熔法"，是将圆柱形硅棒和籽晶棒垂直同轴固定，用高频感应线圈加热，使硅棒和单晶籽晶棒之间形成熔滴，两个棒朝相反方向旋转，在多晶棒与籽晶间只靠表面张力形成的熔区沿棒逐步移动，将其转换成单晶（图5-26），这种方法的优点是不用坩埚，减少了材料污染因素。

无论是"直拉法"还是"悬浮区熔法"，简单地说，其过程都是从多晶原料——加热熔化——降温凝固——形成单晶体，从中我们可以看到，在两个固体端面间都存在一个液体熔区，就好像是一座由液态物质搭建的

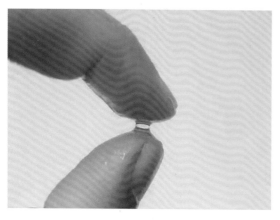

图5-25 在两根手指间形成的液桥

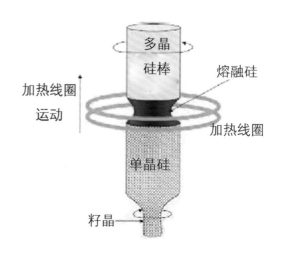

图5-26 悬浮区熔法单晶制备示意图

"桥"，制备的单晶体质量好坏就取决于这座"桥"的液体物质运动规律。在地面上拉单晶，由于受重力作用，从熔体到凝固过程，浮力对流往往使单晶材料出现缺陷，质量不高。于是设想，如果剔除了重力干扰，没有浮力作用，生产出的单晶体是否会更好？科学家们决定到空间去进行实验验证。为了简化实验系统，只研究影响单晶体质量最关键的，从熔融状态到凝聚结晶的半个过程，所以称为"半浮区液桥"模型，而且用硅油或水来替代熔融的硅熔液，观察在没有重力条件下液桥上的流体运动规律。这种实验从 20 世纪 80 年代以来，科学家们进行过无数次研究。

实验证明：当液桥一端热一端冷，两端的温度不一样时，液体的表面张力会随温度变化，温度高端表面张力低，温度低端表面张力高，液体总是被高表面张力牵引产生流动。也就是说，高温端的液体因为表面张力作用会流向低温端，低温端的液体又会流过来填补到高温端，这就形成了对流。液桥（图 5-27）是个柱体，沿液桥液面轴向的温度差引起的对流称为马朗戈尼对流；沿液桥液面直径方向温度差引起的对流称为热

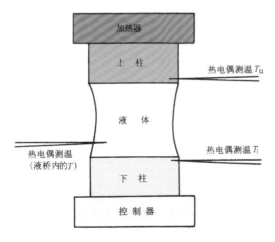

图 5-27 空间实验液桥模型示意图

毛细对流。前者是意大利物理学家马朗戈尼于 1855 年发现的，所以称为马朗戈尼效应；后者就像我们熟知的毛细管现象，是温度差引起的，所以称为热毛细对流。通过空间实验，使得科学家们认识到，当重力引起的浮力效应消失后，马朗戈尼对流和热毛细对流所起的作用被暴露出来了！而且科学家们还发现，当温差高于某个临界值时，还会引起液体对流振荡，这对于形成单晶过程就是致命的破坏。因此，深入认识液体物质的这些特性对于制备高质量、无缺陷的单晶材料实在是太重要了。硅单晶材料只是众多半导体材料当中的一种，一些具有特殊功能的，由二种、三种或多种元素组成的二元、三元或多元半导体材料，以及合金材料、金属或非金属复合材料、高分子聚合材料等在制备过程中都会遇到类似问题。

研究流体物质形态、运动特性和规律，是为了更科学地使用自然物质，服务于各类生产活动，包括更好地制备应用材料，更有效地使用石化燃料等。在航空、航天中，流体力学设计，几乎是决定成败的第一因素。火箭推进需要使用煤油、酒精、偏二甲肼、液态氢等作为燃烧剂，用硝酸、液态氮、氧等做氧化剂帮助燃烧；飞船、卫星、空间站需要推进燃料系统来维持飞行轨道高度和姿态；舱段需要有环境控制与生命保障系统的流体管理和防火/灭火的安全保障……在空间生命及生物技术、航天医学、基础物理学、量子力学、燃烧物理学等基础科学实验研究中，液体物质形态比比皆是；人们生活的方方面面都会涉及流体力学问题。所以，科学家们说："微重力流体物理研究是最具应用效益的基础的基础。"微重力条件下流体物质的物理状态和运动规律，就如水滴的形态一样与地面迥然不同，所以微重力流体物理学的研究范围很广泛，它涵盖基础理论

和应用技术两个方向的若干问题。

自从 20 世纪 80 年代中期，美籍华裔科学家王赣俊在航天飞机上进行第一例微重力流体力学实验以来，世界各国科学家利用各类航天器开展了大量的微重力流体物理科学实验研究。中国科学家几乎是在同期开始了相关基础理论和地面实验研究，1992 年载人航天工程立项，微重力流体物理作为重点研究方向，得到支持，而直到 1999 年利用科学卫星搭载，才有了第一次上天实验的机会。虽然起步较晚，但 20 年来，取得了跨越式的发展，得到世界同行的高度关注。

1999 年在实践五号科学实验卫星上，进行了两层不混溶液体的马朗戈尼对流和热毛细对流实验；利用中德高空气球合作项目，进行了微重力燃烧实验；利用俄罗斯和平号空间站首次完成了较长微重力时间的液/气两相的流型实验；2004 年在神舟四号飞船上首次进行液滴马朗戈尼迁移实验（图5-28），实现液滴尺寸的精准控制，这是国外学者多次空间实验都不成功的重大突破；2005 年利用中国返回式卫星的搭载机会完成了气泡迁移和相互作用实验，以及新型生物

反应器的原理性实验；2006 年，利用返回式实践八号科学实验卫星进行了颗粒物质在小幅振动驱动下的运动行为研究、多孔材料焖烧过程和导线着火前期特性研究等 6 项微重力流体科学实验；2016 年 4 月，中国专门发射了实践十号微重力科学实验卫星，开展了19 项涉及 6 个学科方向的空间实验，其中专门研究流体物理学的项目就有 9 项；2017 年4 月发射的天舟一号货运飞船上首次实施流体的蒸发和冷凝实验。这些空间实验在学术上取得一批重要成果，使得我国微重力流体物理学研究进入世界先进行列。

开启空间科学的繁荣时代

前面我们介绍的是近年来，中国科学家所开展的一些具有代表性的空间科学实验研究。从 20 世纪 80 年代国家启动"863 计划"，到载人航天工程立项，再到天宫二号空间实验室上天，用了 30 年时间。这 30 年既是中国航天技术高速腾飞的时代，也是空间科学跨越式发展的时代。从中国第一颗人造卫星升天到 1992 年底，共计只有 30 次航天发射，其中圆满成功 22 次，失败 5 次，

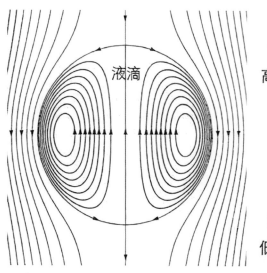
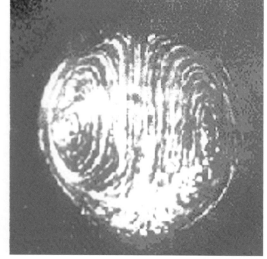

图 5-28 神舟四号"液滴迁移实验"观测图（左：液滴内外流场示意；右：实验观测图像）

部分失败 3 次，成功率仅为 74% 左右；从 1993 年到 2016 年底，中国航天 214 次发射，失败 2 次，部分失败 3 次，成功率接近 98%。特别是中国载人航天工程，从 1999 年 11 月神舟一号到 2017 年 4 月天舟一号，共计 14 次发射，除一次返回落点偏离外，都取得圆满成功，成功率接近 100%，创造了世界航天史上的奇迹。

中国真正意义上的空间科学实验研究应当从 20 世纪 80 年代算起。当时主要是利用返回式卫星搭载方式，实验项目大多是以探索空间微重力和辐射效应为主的生命科学和微重力科学研究。在那个机会难求、资金有限的年代，中国科学家在极度艰难环境下却做出了填补我国空间科学实验空白的突出贡献。其中最典型的两个例子，在本书前面章节中都提到过。

一是林兰英院士的空间"砷化镓单晶生长"项目从 1987~1996 年在返回式卫星上进行过 5 次实验，在国外资料封锁情况下，一步步探索，最终制备出了可用于器件生产的优质材料（图 5-29），晶棒尺寸只比苏联在和平号上制备的单晶小一点，居世界第二，被国内外学者公认是世界先进成果。

二是"空间生物大分子晶体生长"从 1987~1996 年进行过 4 次空间实验，制备出了具有自主知识产权的第一批可供做 X 射线

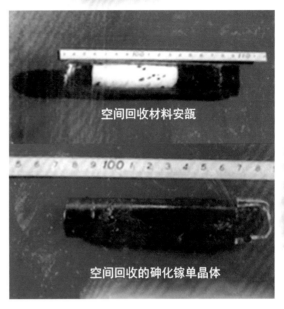

图 5-29 林兰英院士空间制备的砷化镓单晶实物

衍射分析的蛋白质晶体（图 5-30），填补了国内结构分子生物学的空白。

另外，值得提出的是"航天育种"，那是当时中国科学家基于条件所限，因陋就简的选择，却因此培育出许多优良作物品种，有利于国计民生，所以物种至今仍然是每一颗返回式卫星和飞船都不可缺少的乘客。几乎有上千种植物、微生物，乃至如蚕卵、鸡蛋等物种上过天，航天种子、航天蔬菜、航天酒、航天油、航天保健品等已经形成一个巨大的商业市场。但是，也因为如此，在媒体

图 5-30 空间实验获取的优质蛋白质晶体（左：美国航天飞机实验；右：返回式卫星实验）

的炒作误导下，许多民众心目中形成了"航天应用就是航天育种"的片面认识。

2005 年前后，某单位筹备一个中国航天成果展览，策划者撰写了一份规划书，提交专家审查，其中关于航天技术领域的成果详尽备至，无一疏漏，唯独航天应用只有四个字——"航天育种"后面紧跟一长串小麦、大豆、西红柿、青椒、玫瑰……让参与审查的专家们啼笑皆非，说不出话来。时隔多年后的今天，中国科学家有了更多的空间实验机会，更先进的实验设计和更精准的科学分析手段，从分子生物学、结构生物学、遗传学、基因及基因组学、细胞生物学等方面去深入探索空间复杂辐射环境可能导致诱变的航天育种机理，让一度被质疑的"航天育种"焕发出新的科学增长点。

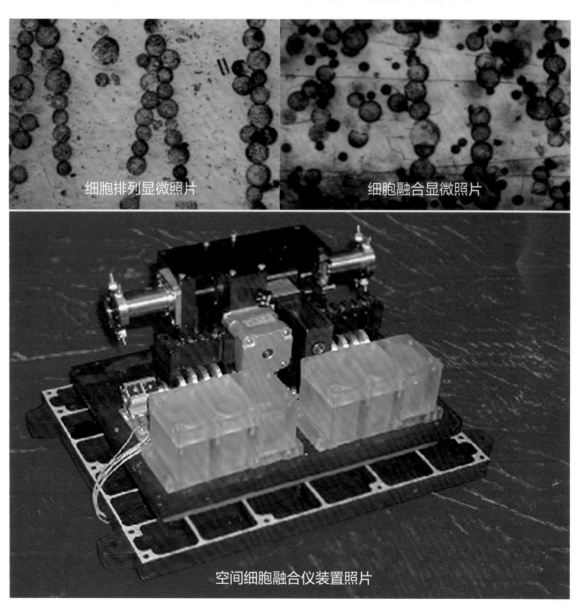

细胞排列显微照片

细胞融合显微照片

空间细胞融合仪装置照片

图 5-31 细胞融合仪装置照片及实验进程监测影像

进入 21 世纪初，在中国载人航天工程带动下，空间科学实验进入了枝繁叶茂、百花盛开的时代。中国载人航天工程专门设置了空间应用系统，一期工程实施了包括空间物理、空间天文、空间与地球环境、对地遥感，以及微重力流体物理学、生命科学及生物技术、微重力材料科学 8 个学科方向的 27 项任务，到 2005 年神舟六号发射，统计完成了 70 余项基础科学空间实验研究，取得了一批在国际上产生重大影响的成果。其中神舟四号上开展的生物大分子分离纯化实验和动物、植物的细胞电融合实验都在国际上首次获得成功（图 5-31）。

2005 年 10 月，神舟六号发射，标志着中国载人航天工程第一步完美收官，稳健进入第二步空间实验室建设阶段。二步阶段，空间科学实验任务申请有数百项，获得立项的学科范围、任务规模和学术水平、实验技术手段均远远超过一期工程。神舟七号实施的"润滑材料科学实验"是中国的首次外太空暴露科学实验；神舟八号完成了 17 项生命科学实验，是神舟飞船首次利用国际合作，使用外方研制的实验装置，进行的成批次空间生物学实验，内容涵盖动物、植物、微生物、水生生物等从个体、种群到分子、细胞层次上的研究，涉及基因组学、蛋白质

图 5-32 天宫二号科学实验任务安排宣传广告

组学、结构生物学以及受控生态生命保障系统中的基础生物学等若干研究方向。

神舟九号实施了 **15** 项航天医学、人体生理学等方面的相关实验研究，探索人在太空长期居留时的生理、心理反应和医学对策等，为建造长期有人驻留的中国空间站做理论储备和设计基础。天宫一号和神舟十号组合飞行任务，安排了 **30** 余项科学实验，除了人们熟知的王亚平太空授课外，还进行了"复合胶体晶体生长与相变实验""超导材料应用试验"等多项基础科学研究和新技术应用实验。天宫二号是中国第一个正式空间实验室，集中安排了微重力流体物理、材料科学、生命科学、基础物理学、量子力学、原子物理学等多领域的空间科学与应用技术实验任务（图 **5-32**）。神舟十一号返回时，带回了第一批由航天员在轨操作更换的实验样品，包括金属单晶、纳米复合材料等 **12** 件空间实验样品（图 **5-33**），以及生物学家首次实施的"从种子到种子的太空培育"实验样品，标志着中国空间科学实验水平的重大跨越。

2017 年 **4** 月发射的天舟一号货运飞船，主任务是验证空间补给等未来空间站建设的若干关键技术，但是仍利用有限资源安排了"细胞增殖和分化影响研究""两相流体系统实验""非牛顿引力实验检验""主动隔振关键技术验证" **4** 项科学与应用技术实验任务。其中的"细胞增殖和分化影响研究"包括 **8** 个研究课题，探索微重力环境对干细胞增殖分化、生殖细胞分化及骨组织细胞结构功能等的影响。其中有一项关于抗骨质疏松治疗药物的研究成果将直接造福于广大民众。

图 5-33 神舟十一号科学实验回收样品分解检测

在载人航天工程二步的同期阶段，中国的专业科学实验卫星也有了重大发展。2006年9月以"农业科研"名义发射的第一颗专用科学实验卫星，装载了粮、棉、油、蔬菜、林果、花卉等9大类2000余份约215公斤的农作物种子和菌种，创造了世界之最。在这颗卫星上还安排了基础物理、流体物理、燃烧科学、生命科学等领域的多项实验，采用了在轨实时观测，通过下传影像、数据进行成果分析处理，首次获得了若干重要研究成果。其中高等植物实验，首次获得在微重力条件下，从种子到开花全过程的实验数据和影像（图5-34）。

2011年，中国空间科学先导专项任务的5颗科学实验卫星正式启动研制，每颗卫星的科学任务都是处于国际前沿研究领域的课题。2015~2016年先后发射的悟空号暗物质探测卫星和墨子号量子卫星，让人们津津乐道，而名气没有它们响亮的兄弟实践十号卫星安排了涵盖微重力流体物理、燃烧物理、材料科学和生命科学等领域最接"地气"、与民众利益相关的19项基础研究科学实验任务。其中，3项燃烧实验是我国首次利用微重力条件，系统研究绝缘材料、非金属材料和石化燃料的燃烧特性和尘烟污染等科学问题，对现实的石化燃料利用和安全防火具有重要指导意义；3项相关空间辐射研究的项目从基因组学、遗传学、变异学角度探索空间辐射的生物学效应机理，在获取其主要成果的同时，也为屡遭质疑的"航天育种"提供一些科学依据；3项细胞生物学研究的项目（图5-35）——"造血与神经干细胞的三维培养与组织构建""哺乳动物早期胚胎发育""骨髓间充质干细胞的骨细胞定向分化效应"站在学科前沿，望眼生物时代的未来，贴近民众生活、健康需求，其研究成果在开创再造医学等诸多方面具有重要理论指导意义。

图5-34 实践十号下传的高等植物开花图像（中科院技物所提供照片）

图 5-35 提取实践十号回收空间实验生物样品

中国航天技术的进步，提供给科学家开展空间科学实验的机会增多，空间科学实验已经不再是机遇难求，各研究单位、大专院校，乃至普通科学爱好者，都有了上天去探索科学奥秘的机会。中国空间科学迎来了走向世界前列的繁荣时代。

第 **6** 章

我来了——中国空间站

航天大国地位的标志

2017 年 4 月 20 日，中国第一艘货运飞船在海南文昌发射场成功发射之后，中国载人航天主管部门宣称，计划在 **2019~2022** 年，进行中国载人空间站的组装建造（图 **6-1**），再次激发民众的航天热潮，航天、载人航天成为人们茶余饭后、街谈巷议的热门话题。中国用不到 **30** 年的时间，终于赶上号称"老大、老二"的美国和俄罗斯，成

为世界上第三个能够独立研制和发射大型空间站的国家，这是一件值得全世界华人自豪的特大喜讯！因为，它标志着中华民族的崛起，东方文明在推动人类文明发展进程中，经历百年痛苦沉寂之后，终于重放光彩。

航天事业是当代引领高科技发展的前沿阵地，它包括了三大范畴，三者相互交叉、支持（图 **6-2**）：一是空间技术，是指设计、建造和发射各种不同应用目标的卫星、飞船、空间站和深空探测器等航天飞行器的能

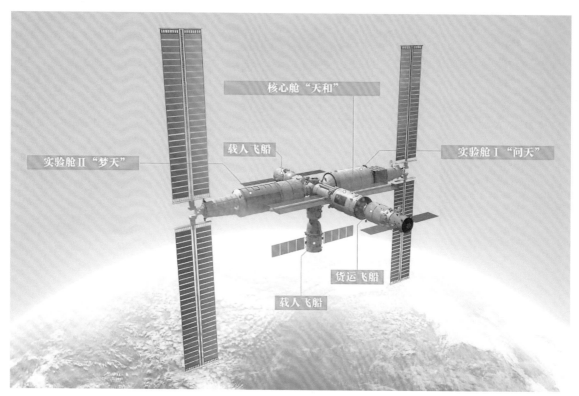

图 6-1 中国空间站三维模型图

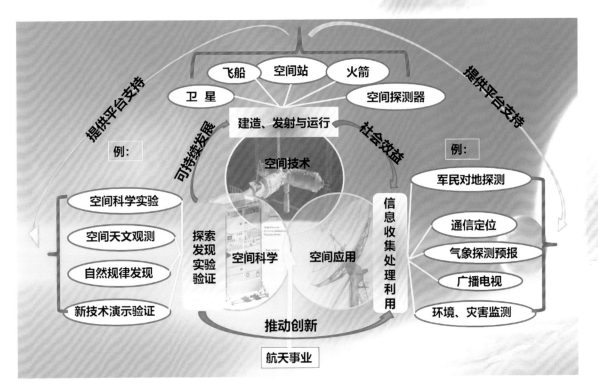

飞船　空间站　火箭

卫星　空间探测器

建造、发射与运行

提供平台支持　可持续发展　社会效益　提供平台支持

例：　空间技术

空间科学实验　探索发现实验验证　空间科学　空间应用　信息收集处理利用　例：

空间天文观测　军民对地探测

自然规律发现　通信定位

新技术演示验证　气象探测预报

广播电视

环境、灾害监测

推动创新

航天事业

图 6-2 航天事业的三大范畴示意图

力；二是空间应用，是指以航天器为工具，服务于人类社会发展，促进国民经济建设，提升人们幸福生活指数的技术开发，包括全球通信、定位、气象预报、地球环境监测与防灾、减灾等对地观测的信息收集、仪器设备制造与信息处理、利用等；三是空间科学，是指利用空间飞行器作为工作平台，不以现实技术和应用为目标，探索与发现新知识、新规律的行为，通过创新科学认知，拓展知识体系，指导新技术、新应用的发明与创造，推动文明进步。

因此，中国要成为真正的"世界航天大国"，不仅单纯是空间技术能够和美国、俄罗斯并肩，航天发射数量世界领先，能够建造空间站，同时要在空间应用、空间科学方面也跃居前列。现如今，无论是发达国家，还是发展中国家，都把航天看成是国家发展战略的制高点列为重大国策，优先发展。欧洲

国家结成共同体，在航天领域的成就斐然；日本是航天事业中的一支劲旅；印度是后起之秀，雄心勃勃。美国有一个名叫"忧思"的科学家联盟，在 2017 年 5 月公布了目前全世界还停留在轨道上运行的卫星有 1459 颗（图 6-3）。其中，美国有 593 颗，中国有 192 颗。这个数字表明中国只占全部的 13%，只是美国的 1/3。如果从发射过的专业科学实验卫星来统计，美国更是遥遥领先，欧洲正快速发展，日本已有 40~50 次发射，中国则不超过 10 颗专业科学实验卫星。2018 年，中国以 39 次航天发射，首次超过美国，但大部分属于应用卫星，专业科学卫星只有 2 月 2 日发射的张衡一号和 12 月 8 日发射的嫦娥四号。由此看来，我们与世界航天大国地位，还有较大差距。中国相比美国、俄罗斯航天起步较晚，而且当时的综合国力不及欧、美、日、俄等发达国家。"工欲

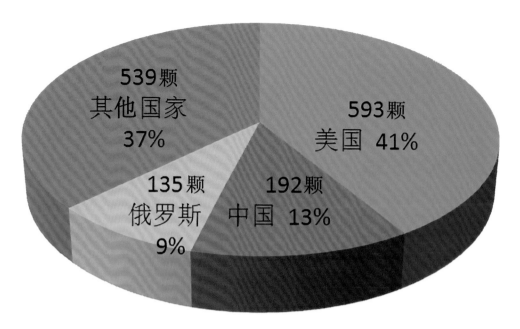

图 6-3 在轨航天器统计（2017 年数据）

善其事，必先利其器"，中国航天事业起步时优先发展空间技术，无可厚非。经过半个世纪的艰辛历程，圆"航天大国"之梦，终于迎来了"器利而后发"的中国航天新时代，把空间站建成"国家重点太空实验室"为中国乃至全世界科学家提供最理想的空间科学实验研究平台，为人类拓展新的知识体系，引领世界高科技发展做出贡献，成为中国航天的历史责任和国际义务。

国家太空实验室

20 多年前，以美国为首的西方 16 国联合建造国际空间站时，曾声明是为人类和平利用太空，为世界各国科学家开展空间科学研究提供公用平台，却唯独把中国"开除"在外。20 年后的今天，中国空间站却以博大胸怀，欢迎天下朋友，有关方面负责人公开宣布：中国希望有更多的国际合作伙伴使用中国空间站。中国言行一致，只要是和平利用，服务于世界科学技术发展，推动人类

文明进步，不排除任何国家。2019 年 6 月 12 日中国载人航天工程办公室和联合国外层空间事务办公室联合宣布（图 6-4），来自中国、瑞士、波兰、德国、意大利、挪威、法国、西班牙、荷兰、印度、俄罗斯、比利时、肯尼亚、日本、沙特阿拉伯、墨西哥、秘鲁 17 个国家 23 个机构的 42 项申请中，9 个项目成为中国空间站科学实验首批入选项目，这标志着中国空间站国际合作进入新阶段。

中国空间站基本构型为 T 字形，在轨设计寿命 10 年以上，由一个核心舱和两个实验舱组成。可以停靠 1 艘货运飞船、2 艘载人飞船，整个系统质量将达 90 多吨。同时，还将配置一个与空间站同轨运行的独立飞行器，它将是中国人的"哈勃望远镜"，在空间站的支持下可以进行对天、地的综合观测，并可以通过空间站进行在轨更新、升级。因此，无论是它的技术水平还是探测能力都将远远超过它的前辈——"哈勃"。

图 6-4 中国空间站国际合作发布会现场（2019 年 6 月 12 日奥地利维也纳）

核心舱是空间站的管理和控制中心，主要用于空间站组合体控制和航天员工作生活场所；两个实验舱用于空间科学与技术实验和空间应用。在核心舱配置有大机械臂，支持实验舱、载人飞船、货运飞船等飞行器与其交会对接和在轨组装，也可以开展航天医学和空间生命科学实验研究。实验舱Ⅰ，由工作舱、气闸舱和资源舱组成，备份核心舱部分功能和小机械臂，支持航天员出舱活动，以及舱内科学与应用研究和舱外试验任务。实验舱Ⅱ，由工作舱、气闸舱和资源舱组成，安排舱内、外科学与应用实验，配置货物专用气闸舱，在航天员和机械臂配合下，支持舱外实验载荷或舱外组装设备自动进出。

三个舱段都带有密封舱室，目前共计划部署 13 个科学试验柜用于支持各领域的空间科学试验（图 6-5）。此外还为舱外暴露的科学实验设备（图 6-6），提供 67 个标准载荷接口，以满足更大规模空间科学与应用实验需求；预留了扩展平台接口和外挂载荷的挂点接口，在三舱构型基础上，预留对接扩展舱段的能力，可根据空间科学与应用实验和国际合作的需要，适时进行扩展。

中国空间站位于世界先进行列，投入正常运营后，作为"国家重点太空实验室"将开展大规模、成系列的各类科学实验研究和应用实验研究，为人类文明发展进步做出贡献。

空间科学实验大舞台

太空是人类继地球陆地、大气和海洋之后开拓的第四个活动空间。在人类进入太空 60 年以来，至今全世界共发射了约 **7000** 颗

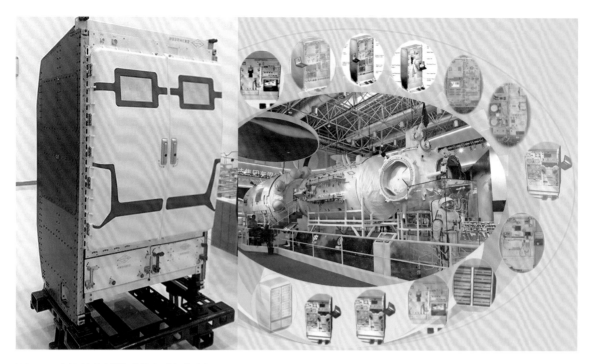

图 6-5 空间站密封舱科学实验柜规划示意图

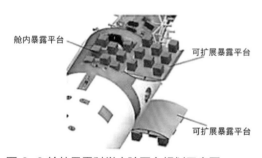

舱内暴露平台
可扩展暴露平台
可扩展暴露平台

图 6-6 舱外暴露科学实验平台规划示意图

卫星和深空探测器，300 多艘（次）载人航天器，登陆月球、探测火星、访问土星、建造空间站……地球人的触角几乎延伸到整个太阳系，创造出一个个激动人心的奇迹，空间应用开发活动渗透到地球人类社会的各个领域。在太空开展的科学研究中，取得的一系列重大科学发现，让人类的认知与技术能力发生了颠覆传统的革命性升华，创造了一个地球人的太空时代。所以，空间科学与开发应用的重大科学意义和应用效益，成为与国家战略密切相关的重要组成部分，建设中国空间站是华夏民族为人类文明进步应做的贡献。

中国空间站为中国科学家提供了探索科学奥秘的大舞台。早在 21 世纪初，开始中国空间站应用论证时，来自各个领域的著名科学家们汇聚一堂，放眼世界，深入分析世界航天历程与发展动向，总结人类探索太空、开发太空的经验与教训，结合国家发展需求，提出了中国的航天发展战略规划，并以开发的姿态，积极倡导全民参与。因此，在中国空间站的应用任务论证过程中，各个领域学科提出的项目申请近千项，其中偏重于基础研究的实验科学领域，如生命科学和微重力科学的项目申请就超过 500 余项，经过审议，制定了涵盖多个应用方向的、数十个研究主题的战略规划，包括：航天医学、生命科学、基础物理学、微重力科学、材料科学等学科方向，也包括了低温凝聚态物、

图 6-7 正在建造中的中国空间站核心舱（航科集团发布）

冷原子物理、引力场论等世界科学前沿的研究主题。

正在建造中的中国空间站核心舱（图6-7）将汇集全国各行业最先进技术和国外先进经验，用创新的设计理念和制造技术，打造 21 世纪最先进的航天器，为大规模空间科学实验提供更丰富的资源和最优配置。远远超过一期、二期的空间科学与应用实验任务规模，将分系统、分批次地实施：先进的通用化、集成化和组合化的科学实验柜布局，为不同学科的实验研究提供公用的设备配置和管理服务；利用有人参与和机械臂（图 6-8）支持，提供舱外科学实验设备的安装、拆卸、更换、维修服务；将会有新一代中国科学家加入航天员队伍，到空间去操作

自己的实验设计；未来一代的青少年朋友，有机会把自己的科学幻想变成现实到太空中去检验；中国广大民众也会有机会从太空聆听到更多的科普知识，因为，中国空间站也是服务于全民科普教育、素质教育的重要科普宣传平台之一。

以美国为主导的国际空间站自 1998 年核心舱升空到现在已经近 20 年，当中国空间站遨游太空时，它已"老态龙钟"，也许只好主动"退休"。那时，太空中只有中国空间站伴随地球"漫步"。美国的、俄罗斯的、欧洲的、日本的……全世界的科学家们也都期待购买一张神舟飞船的"船票"，到中国空间站上去实现它们的"科学之梦"。斗转星移，一个中国的太空时代正在向我们

图6-8 中国自主研制的空间站机械臂的地面样机（中科院沈自所提供照片）

走来。

当世界科学家都争相排队进入中国空间站时，就是中国真正进入世界航天大国地位的时刻。因为，那时的中国不仅仅是航天技术强，航天应用也强，彰显后劲实力的空间科学更强。今天的年青一代，那时将成为撑起人类科学大厦的中国科学家中的一员。更可能是人类拓殖浩瀚太空的尖兵！